イラストでわかる 最新IT用語集

厳選
50

大河原克行 著

日経
BP

07051

本書の前提

* 本書についての最新情報、訂正、重要なお知らせについては下記 Web ページを開き、書名もしくは ISBN で検索してください。ISBN で検索する際は‐(ハイフン)を抜いて入力してください。
  https://bookplus.nikkei.com/catalog/
* 本書の運用によって生じる直接的または間接的な損害について、著者ならびに弊社では一切の責任を負いかねます。
* 本書に記載されている会社名、製品名、サービス名などは、一般に各開発メーカーおよびサービス提供元の登録商標または商標です。なお、本文中では ™、® などのマークを省略しています。

はじめに

　私たちの身の周りには、デジタルやITがあふれています。

　朝起きて、夜眠るまで、デジタルやITに触れない日はなく、意識しなくても、知らず知らずのうちに、その恩恵を受けているのが、いまの私たちの生活です。スマホを使ってコミュニケーションを取ったり、パソコンで仕事をしたりすることはもとより、電車に乗っても、食事をしても、スポーツをしていても、デジタルやITはなにかしらの形で、私たちをサポートしてくれています。もし、睡眠中に睡眠データを収集している人は、起きているときだけに限らず、寝ているときもデジタルやITを活用しているといえるでしょう。

　だけど、日常的に使っているその言葉の意味って、なんだっけと思うことはありませんか。

　「メタバースってなに?」、「NFTはこれから重要なの?」、「政府が日本の経済成長につながると断言しているWeb3とは?」——。

　デジタルやITの世界では、次々と新しい言葉が登場します。

　「なんとなくわかっていたつもりだったけど、本当はどういう意味だったのかな」とか、「言葉は聞いたことがあるけど、私たちの生活にはどんな影響があるの」とか、あるいは「社会に対してどんな貢献をするテクノロジーなのかを知りたいな」という人も多いのではないでしょうか。

　本書は、最新のIT用語を、豊富な図版やイラストを交えながら、わかりやすく解説することを目的にまとめています。

　デジタルやITを利用しているけど、テクノロジーにはあまり詳しくないというビジネスパーソンや、将来はIT業界への就職を目指したいと考えている学生のみなさんが理解しやすい構成を心掛けました。

　そのため、エンジニアをはじめとして、テクノロジーに明るい人たちには、ちょっと物足りない内容になっているかもしれません。ただ、そうした人たちにも、言葉の意味を改めて理解したり、社会へのインパクトを知るという点では、お役に立てそうです。

　本書では、最新の用語とともに、ちょっと前から使われているけど、いま知っておいた方がいいという用語も加えて、50語を取り上げています。

　難解なIT新語を見聞きして、消化不良になっている方々に、少しでもお役に立てればと思っています。

2023年2月　大河原　克行

CONTENTS

2025年の崖

ニセンニジュウゴネンノガケ

いまは大丈夫だと思っていても、
駄目になる状況がいきなりやってくる

Point 1

既存システムが足かせになる

既存システムが安定稼働しているため、大丈夫だと思っている企業こそ、その危険性に早く気づくべきです。

Point 2

ITの複雑性や人材不足が課題

多くの経営者がDXの必要性を理解していても、ITシステムの複雑化や人材不足により、DXを推進できない状況です。

「2025年の崖」の
克服状況は
順調ではない

「2025年の崖」の克服
状況は順調ではなく、
依然としてデジタル投
資の約8割が既存ビジ
ネスの維持や運営に費
やされています。

2025年以降、年間12兆円の経済損失に

2018年9月に経済産業省が発表した「DXレポート」のなかで示されたのが「2025年の崖」です。既存システムの複雑化やブラックボックス化により、データを活用しきれないためにDXを実現できなかったり、システムの維持管理費がIT予算の9割以上を占めるようになったりすることを予測。これらの課題を克服できない場合には、2025年以降、年間で最大12兆円の経済損失が生じる可能性を指摘し、2025年までにシステム刷新を集中的に推進する必要性を訴えました。克服すれば、2030年には実質GDPで130兆円を超える押上げ効果があるとしています。

既存システムの ブラック ボックス化	維持管理費が IT予算の 9割に	年間最大 12兆円の 経済損失

Point 1

既存システムが足かせになる

「崖」という表現は、いまは大丈夫だと思っていても、駄目になる状況がいきなりやってくることを表現しています。既存システムが安定稼働しているため、大丈夫だと思っている企業こそ、その危険性に早く気づくべきと指摘しています。

Point 2

ITの複雑性や人材不足が課題

多くの経営者が、将来の成長や競争力強化のために、新たなデジタル技術を活用したDXの必要性について理解していますが、ビジネスの革新につながらないPoC（概念実証）を繰り返したり、老朽化したITシステムが複雑化し、DXの足かせになったりしています。さらに、既存ITシステムを開発した人材が定年を迎え、システムがブラックボックス化し、改善ができないといった課題も生まれています。

業界別のレガシーシステムの状況（2017年）

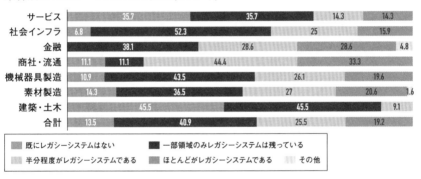

出典：経済産業省「DXレポート〜ITシステム「2025年の崖」克服とDXの本格的な展開〜」

Point 3

「2025年の崖」の克服状況は順調ではない

2022年7月の「DXレポート2.2」では、「2025年の崖」の克服状況が順調でないことに触れ、デジタル投資の約8割が既存ビジネスの維持や運営であることを指摘しました。既存システムを廃棄や塩漬けなどに仕分けし、必要なものを刷新し、DXを実現しなくてはなりません。

**ユーザー企業における
デジタル投資の割合**

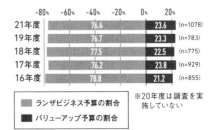

出典：JUAS「企業IT動向調査報告書2022」

02 5G
ファイブジー

人と人を結ぶつながりから、モノとモノとの
つながりに広がるネットワーク

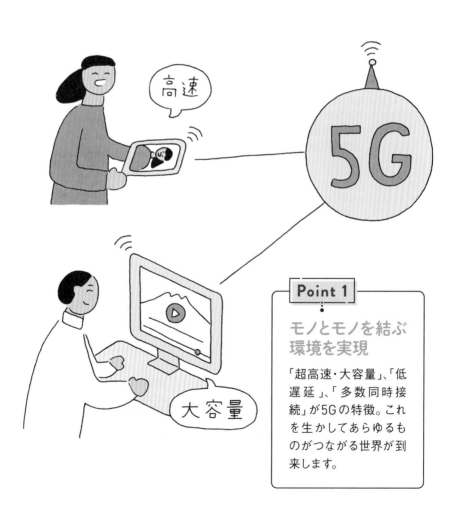

Point 1

モノとモノを結ぶ
環境を実現

「超高速・大容量」、「低
遅延」、「多数同時接
続」が5Gの特徴。これ
を生かしてあらゆるも
のがつながる世界が到
来します。

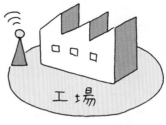

マンション

工場

ローカル
5G

病院

Point 2

産業界が注目するローカル5G

企業や自治体が、建物内や敷地内などの
特定エリアに構築するローカル5Gの活用
に、産業界から注目が集まっています。

低遅延

同時接続

Point 3

年間平均成長率で
54.3%の
高い成長が続く

5Gのサービスエリアの
整備や、産業分野への
導入拡大によって、国
内法人向け5G市場は、
今後2倍以上の成長が
見込まれています。

3つの特徴で新たなサービスを生む5G

5Gは、「5th Generation」の略で、第5世代移動通信システムと呼ばれます。日本では、2020年3月に商用サービスが開始されました。5Gの特徴は3点。大容量の映像コンテンツをストレスなく利用できる「超高速・大容量」、高画質のゲームをプレイしていても通信の遅延を意識しないで楽しむことができる「低遅延」、多くのデバイスを接続できる「多数同時接続」です。4Gまでは、主にスマホのデータ通信や音声通話などでの用途が中心でしたが、5Gは様々なデバイスやセンサーなどがつながり、用途の広がりが期待されています。

超高速・大容量	低遅延	多数同時接続
4Gの100倍以上の通信速度を実現!	データを送受信する際の遅延時間を1000分の1に短縮	基地局に同時に接続できる端末数が大幅に増加!

Point 1

モノとモノを結ぶ環境を実現

5Gは、4Gの100倍となる10Gbpsの通信速度を実現し、データを送受信する際の遅延時間は1000分の1にまで短縮でき、1平方kmあたり最大100万台の接続が可能になります。人と人を結ぶだけでなく、モノとモノのネットワークも実現します。

Point 2

産業界が注目するローカル5G

5Gの特徴を活かして、VRで3D映像をリアルタイムで視聴したり、遠隔医療や自動運転での活用、建設現場や製造現場、物流倉庫、農地での機器の遠隔操作や制御などにも活用できたりします。産業界が注目しているのがローカル5Gです。企業や自治体などが、建物内や敷地内などの特定エリアで自営5Gネットワークを構築することで、セキュアで超高速、大容量の専用ネットワークを利用できます。

Point 3

年間平均成長率で54.3%の高い成長が続く

IDC Japanでは、パブリック5Gとローカル5Gを含めた国内法人向け5G市場が、2026年に1兆841億円に達すると予測しています。年平均成長率は54.3%と高く、5Gのサービスエリアの整備や、産業の現場での導入を急成長の理由にあげています。なお、Beyond 5Gや6Gといった次世代通信規格の研究がすでに進んでいます。

国内法人向け5G市場予測

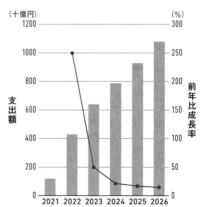

出典:IDC Japanプレスリリース「国内法人向け5G市場予測を発表」(2022年4月25日)

03 AI
エーアイ

あらゆる人が、あらゆる場所で恩恵を受ける、
生活に浸透した技術に

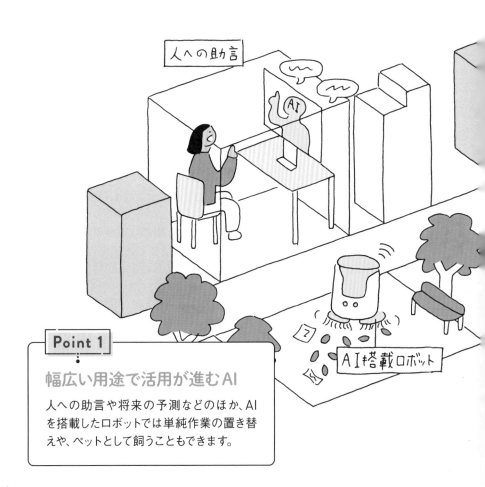

人への助言

AI

AI搭載ロボット

Point 1

幅広い用途で活用が進むAI

人への助言や将来の予測などのほか、AI
を搭載したロボットでは単純作業の置き替
えや、ペットとして飼うこともできます。

Point 2

AI倫理に対する
関心が高まる

AIが偏見を持ったり、
差別した判断を行わな
いようにするために、AI
倫理に対する取り組み
が加速しています。

将来の予測

FUTURE

AI

AIが差別や偏見を
持たないように研究

Point 3

国内AI市場は今後
5年で2倍以上の成長に

2026年までに国内AIシステム
市場は、2倍以上に成長します。
日常生活に広く浸透し、AIを使
わない日はなくなります。

AI搭載ロボットペット

AIは人間を置き替えるのか？

AIは、Artificial Intelligence（アーティフィシャル・インテリジェンス）の略で、人工知能と訳されます。研究や実用化に向けた取り組みは古く、1950年代後半から1960年代の第一次AIブーム、1980年代の第二次AIブームを経て、2000年代になって訪れた第三次AIブームが現在まで続いています。これまでは技術的な限界もあり、実用化が難しかったのですが、現在のAIは、ビッグデータを活用し、大量のデータから学習し、そこで得た知識をもとに推論や探索を行い、社会課題の解決に貢献することができるようになってきました。

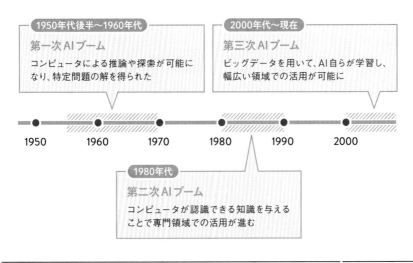

Point 1

幅広い用途で活用が進むAI

AIの活用範囲は広く、顔認証や映像解析、音声認識、自然言語解析、自動翻訳などのほかに、人への助言、将来の予測なども行います。AIを搭載したロボットでは単純作業の置き替えや、ペットとして飼うといった活用も始まっています。

Point 2

AI倫理に対する関心が高まる

AIによって置き換わる仕事も存在しますが、空いた時間を活用して人がより創造的な仕事に従事したり、高度な仕事を行う際にAIが人を支援したりといった役割に期待が集まっています。一方で、開発したAIが偏見を持ったり、差別した判断を行わないようにするために、AI倫理に対する取り組みが加速しています。AIの公平性や透明性はAI開発および活用において重要な課題です。

AI倫理に関する規定の例

ソニーのAI倫理

1. 豊かな生活とより良い社会の実現
2. ステークホルダーとの対話
3. 安心して使える商品・サービスの提供
4. プライバシーの保護
5. 公平性の尊重
6. 透明性の追求
7. AIの発展と人材の育成

Point 3

国内AI市場は今後5年で2倍以上の成長に

IDC Japanは、国内のAIシステム市場は、2026年には8120億9900万円の規模に達すると予想しています。2021年から2026年までの年平均成長率は24.0%で推移し、5年間で2倍以上の市場規模に達します。AIは日常に広く浸透し、もはや使わない日はなくなるでしょう。

**国内AIシステム市場支出額予測
2021年～2026年**

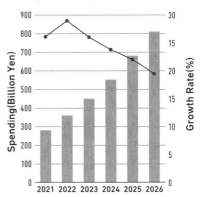

出典:IDC Japanプレスリリース「国内AIシステム市場予測を発表」(2022年5月24日)

04 API

エーピーアイ

ますます重視されるソフトウェア同士を
結びつけるインターフェース

Point 1

ベスト・オブ・ブリードを支える

最も優れた製品を組み合わせるベスト・オブ・ブリードの実現には、異なるソフトウェアやサービスを連携するAPIが重要です。

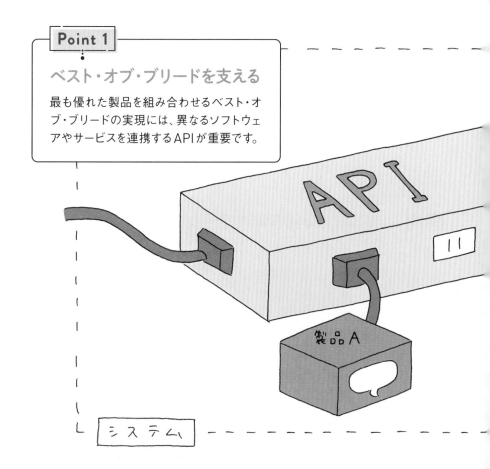

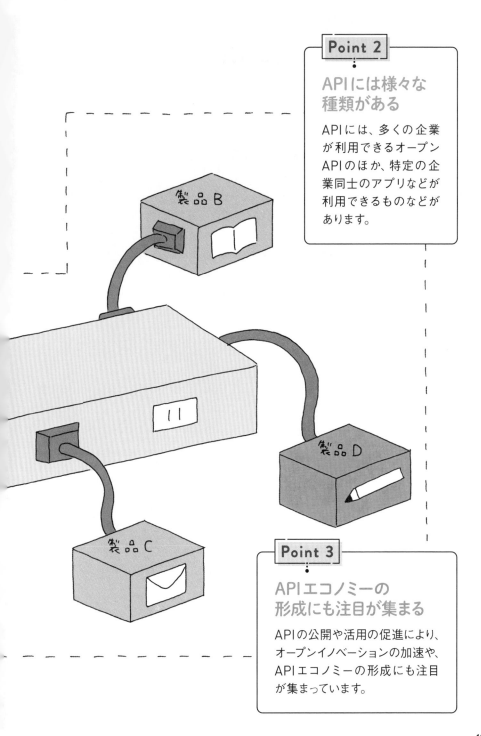

APIには様々な
種類がある

APIには、多くの企業
が利用できるオープン
APIのほか、特定の企
業同士のアプリなどが
利用できるものなどが
あります。

Point 3

APIエコノミーの
形成にも注目が集まる

APIの公開や活用の促進により、
オープンイノベーションの加速や、
APIエコノミーの形成にも注目
が集まっています。

他者の機能を利用して製品を進化

APIは、「アプリケーションプログラミングインターフェース」の略で、ソフトウェアやウェブサービスなどを接続するインターフェースを指します。たとえば、APIを使い、異なるアプリケーションを接続することによって、別のアプリケーションの機能を利用できるため、より高度な機能を活用できたり、機能を開発する手間がなくなり、サービスを迅速に提供できるようになります。この結果、アプリケーション同士のデータ連携も容易になり、アプリケーションをより効果的に活用することができます。WindowsなどのOSの機能を呼び出して利用する際にもAPIは使用されます。

APIの効果は各国で認識されている

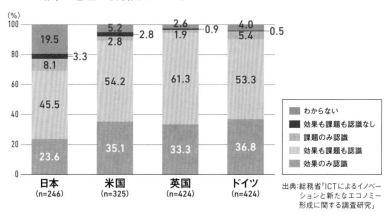

出典:総務省「ICTによるイノベーションと新たなエコノミー形成に関する調査研究」

Point 1

ベスト・オブ・ブリードを支える

ウェブサービスの広がりとともに、それぞれの分野において、最も優れた製品を組み合わせて活用するベスト・オブ・ブリードの考え方が広がっています。この実現のためにも、異なるソフトウェアやサービスを連携するAPIは重要になります。

Point 2

APIには様々な種類がある

APIは、もともとはOSに搭載された機能を利用するために用意されたものですが、最近ではウェブサービスの機能を利用するためのウェブAPIが、多く利用されています。また、APIには、多くの企業が利用できるオープンAPIのほか、ベンダーなどが用意し、特定の企業などに提供するもの、企業内に限定して利用できるものなどがあります。

APIの一例

Yahoo! JAPAN	ショッピング／地図／テキスト解析／求人／ニュースなど
Google	地図／機械学習／Workspace／YouTube／広告など
Amazon	商品情報の管理／販売レポート／支払い情報の管理など
Twitter	ツイート、ダイレクトメッセージなどの分析／広告管理／リンクの最適化

Point 3

APIエコノミーの形成にも注目が集まる

クラウド上で提供されるウェブサービスが増加し、なかでも小さなサービスや機能を組み合わせて利用するマイクロサービスの広がりがAPIへの関心を高めています。また、APIの公開や、活用の促進により、オープンイノベーションの加速や、APIエコノミーの形成にも注目が集まっています。

企業がAPIを公開する効果の例

効果	効果が得られる背景
オープンイノベーションの促進	APIを公開することにより、様々な業種の様々ば職種の人が自社のサービスにアクセスすることができるようになり、自然と新たな利用法を考えてもらうことが可能になる。結果として、自社では想定もしていなかったような新たなアイデアが生まれる可能性がある。
既存ビジネスの拡大	APIを公開していない場合と比較して、リーチ可能な顧客層が大きく増える。潜在顧客としても想定していなかった層が自社サービスを利用する可能性もある。また、公開したAPIの利用者に課金をすることにより、自社のデータやシステムを新たな収入源とすることができる可能性がある。
サービス開発の効率化	自社が公開することの直接的な効果ではないが、APIを公開する企業が増えれば、既に世の中に存在する機能をAPIとして利用することで開発コストを抑制しつつ迅速な新規サービスの開発が可能になる。

出典：総務省「ICTによるイノベーションと新たなエコノミー形成に関する調査研究」

05 AR／VR

エーアール／ブイアール

没入感がある空間を実現し、ビジネス用途にも広がりを見せる最新仮想技術

VR

Point 1

メタバースを実現するVR

ARの多くは、スマホやタブレットを利用し、VRではVRゴーグルなどを用います。メタバースの実現にも貢献します。

ビジネス用途での利用が増加

AR／VRは、ビジネス用途での利用が増加しています。また、複合現実と呼ばれるMRにも注目が集まっています。

AR

MR

右肩上がりの成長を続けるAR／VR

HMDの低価格化やメタバースの浸透、コンシューマ用途に加え、ビジネス利用の拡大が期待され、右肩上がりで成長します。

拡張現実のAR、仮想現実のVR

ARは、Augmented Realityの略で、拡張現実と訳されます。スマホやタブレットをかざすと、現実の風景にCGのキャラクターが表示されたり、博物館の展示品にあわせると、解説が見られたりといった用途で利用されています。一方、VRは、Virtual Realityの略で、仮想現実と訳されます。VRゴーグル（ヘッドマウントディスプレイ=HMD）を装着すると、CGや3D映像で作られた没入感がある360度の世界が広がったり、危険な場所や人が到達することが困難な場所を再現でき、エンターテイメント用途やトレーニング用途などで活用されています。

AR／VR／MRの違い

種類	表示	機材
AR	現実の風景に加えて、CGや情報が表示される	スマートフォン／タブレット
VR	没入感のあるCGや3D映像などが表示される	ヘッドマウントディスプレイ
MR	現実の風景に加えて、CGや情報が表示される	ヘッドマウントディスプレイ

Point 1

メタバースを実現するVR

ARの代表例がポケモンGOです。ARの多くは、スマホやタブレットを利用します。VRには、VRゴーグルが用いられます。手にコントローラやリモコンを持って操作するものもあり、メタバースを実現する技術として注目されています。

Point 2

ビジネス用途での利用が増加

AR／VRは、ビジネス用途での利用が増加しています。ARにより、部屋のなかにCGで作られた家具や家電を配置し、そのイメージを確認するといった利用はすでに一般化していますし、VRでは、仮想空間でのオンライン会議、研修などに利用されています。また、HMDを装着して、現実の風景とCGを組み合わせるMR（Mixed Reality、複合現実）は、設備の点検や修理の支援、遠隔医療などで利用されています。

Point 3

右肩上がりの成長を続けるAR／VR市場

Omdiaでは、2024年のAR／VRのハードウェアの出荷台数は2億1300万台となり、AR／VRのソフトウェア・サービスの売上高は52億2000万ドルと予測しています。購入しやすい価格のHMDの広がりやメタバースの浸透により、コンシューマ用途に加え、ビジネス利用の拡大も期待されています。

AR/VRの市場予測

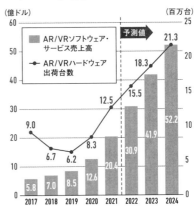

出典:Omdia

BYOD
ビーワイオーディー

コロナ禍で加速したBYODは、新たな
生活様式に最適化した端末導入になるのか

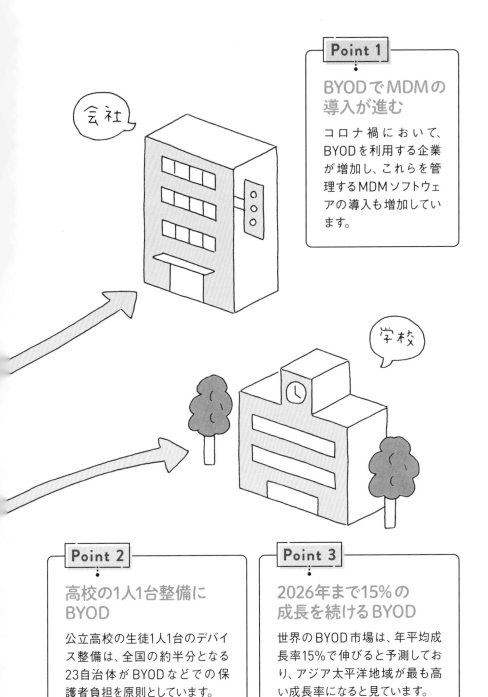

会社

Point 1

BYODでMDMの導入が進む

コロナ禍において、BYODを利用する企業が増加し、これらを管理するMDMソフトウェアの導入も増加しています。

学校

Point 2

高校の1人1台整備にBYOD

公立高校の生徒1人1台のデバイス整備は、全国の約半分となる23自治体がBYODなどでの保護者負担を原則としています。

Point 3

2026年まで15%の成長を続けるBYOD

世界のBYOD市場は、年平均成長率15%で伸びると予測しており、アジア太平洋地域が最も高い成長率になると見ています。

個人が所有するデバイスを仕事で利用

BYODは、Bring Your Own Deviceの頭文字を取ったもので、個人が所有するスマホやPCなどのデバイスを、仕事や学校の授業で利用することを指します。個人にとっては使い慣れているデバイスや好きなデバイスを選定して、そのまま利用できること、仕事と生活の切り分けが難しくなるなか、ひとつのデバイスで済むため、利便性が高まるメリットがあります。企業や学校にとってもデバイス導入のコストを抑えられます。しかし、利用場所が広がったり、様々なアプリを利用したりするため、情報漏洩のリスクが高まる課題や、デバイスの管理工数の増加を指摘する声もあります。

BYODのもたらすメリット／デメリット

	企業／学校	個人
メリット	デバイスの導入コストを抑えられる	● デバイスの所有数を抑えられる ● 使い慣れたデバイスを使用できる
デメリット	情報漏洩リスクが高まる	デバイスの管理工数が増加する

Point 1

BYODでMDMの導入が進む

コロナ禍において、仕事の仕方が変化し、BYODを利用する企業が増加しています。新たにMDM(モバイル端末管理)ソフトウェアを導入することで、BYODのデバイスを管理し、情報漏洩リスクを防ぐ動きが活発化しています。

高校の1人1台整備にBYOD

政府が推進している生徒1人1台のデバイス整備を行うGIGAスクール構想では、小中学校は整備予算が確保されましたが、公立高校の整備では、設置者負担を原則とする方法と、保護者負担を原則とする方法が選択でき、後者はBYODの仕組みが活用されます。ここでは、学校が端末の種類や性能を指定するBYAD（Bring Your Assigned Device＝指定購入方式）、学校が端末の仕様や機種を複数指定し、利用者が選択し、購入を斡旋するCYOD（Choose Your Own Device＝選択購入方式）も採用されます。

公立高校での端末の整備方式

BYOD	個人のスマホも含め、自由に端末を持ち込む
CYOD	学校が端末の仕様や機種を複数指定して、利用者が選択する
BYAD	学校が端末の種類や性能を完全に指定する
機材貸与	学校・自治体が購入した端末を生徒に貸与する

2026年まで15%の成長を続けるBYOD

シスコシステムズによると、BYODポリシーを導入した企業では、従業員1人あたり年間350ドルの節約ができると試算しています。また、Mordor Intelligenceの調べによると、世界のBYOD市場は、2026年までの5年間は、年平均成長率15%で伸びると予測しており、アジア太平洋地域が最も高い成長率になると見ています。

世界のBYOD市場の成長率

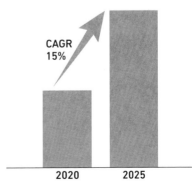

CAGR
15%

2020　　2025

出典:株式会社グローバルインフォメーション

07 CPS

シーピーエス

実世界で収集したデータをサイバー空間で
分析し、価値を実世界に返す仕組み

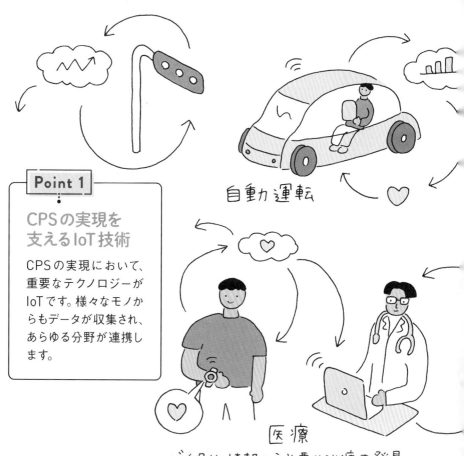

自動運転

Point 1

CPSの実現を
支えるIoT技術

CPSの実現において、重要なテクノロジーがIoTです。様々なモノからもデータが収集され、あらゆる分野が連携します。

医療

バイタル情報から必要な治療を発見

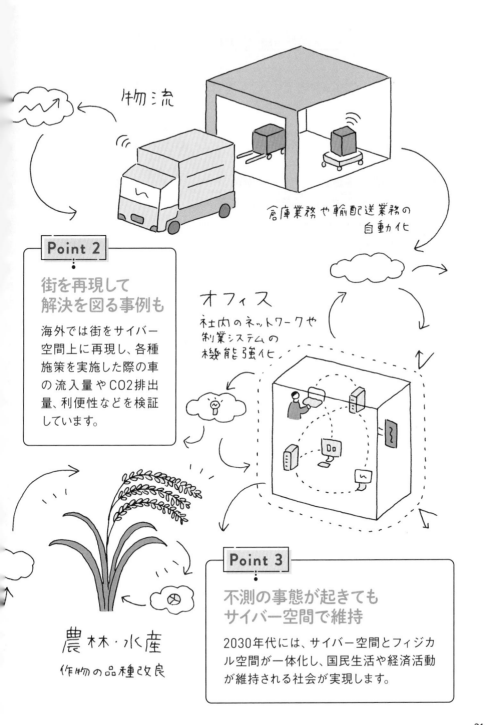

物流

倉庫業務や輸配送業務の
自動化

街を再現して
解決を図る事例も

海外では街をサイバー
空間上に再現し、各種
施策を実施した際の車
の流入量やCO2排出
量、利便性などを検証
しています。

オフィス

社内のネットワークや
制業システムの
機能強化

Point 3

不測の事態が起きても
サイバー空間で維持

2030年代には、サイバー空間とフィジカ
ル空間が一体化し、国民生活や経済活動
が維持される社会が実現します。

農林・水産

作物の品種改良

業種や分野を超えてデータが循環する

CPSは、Cyber Physical Systemの略で、実世界（フィジカル空間）にある多様なデータを、センサーなどを通じて収集し、サイバー空間で大規模データ処理技術を駆使することで、分析し、知識化を行い、そこで創出した情報や価値を、再び実世界に戻して、産業の活性化や社会問題の解決を図る仕組みを指します。業種や分野の枠を超えて、情報ネットワークが構築され、実世界とサイバー空間をデータが循環することで、価値を高度化し、よりよい社会を実現します。政府が実現を目指しているSociety 5.0にも貢献することになります。

CPSの概念図

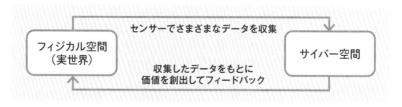

Point 1

CPSの実現を支えるIoT技術

CPSの実現において、重要なテクノロジーのひとつがIoTです。ネットワークにつながる機器が広がり、PCやスマホといった端末に留まらず、車や家、インフラなど、様々なものからデータが収集され、あらゆる分野が連携します。

IoTとCPSの関係

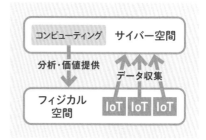

街を再現して解決を図る事例も

海外では市街地から収集した各種データをもとにサイバー空間上に街を再現し、車で街に入る際に課金を行うと、CO2排出量をどれぐらい削減できるかを分析しています。課金エリアを拡大したり、複数箇所に設定したりすることで結果が変化し、クルマの流入量、公共交通機関の利用率のほか、市民の歩数などの健康面、平均到着時間などの利便性の変化がわかり、これを実際の施策に反映できます。

不測の事態が起きてもサイバー空間で維持

CPSは、製造、医療、物流、小売、交通などの課題解決に適用されます。デジタルツインは、CPSの実現手法のひとつです。2030年代には、サイバー空間とフィジカル空間が一体化し、フィジカル空間で不測の事態が発生しても、サイバー空間を通じて国民生活や経済活動が維持される社会が実現します。

D2C
ディーツーシー

デジタルを活用して生産者が消費者に ダイレクトに販売する新たな流通の仕組み

Point 1

コロナ禍で拡大したD2C市場

コロナ禍によって、ECサイトの利用者が急増し、生産者から直接購入できるサイトを利用するニーズが高まっています。

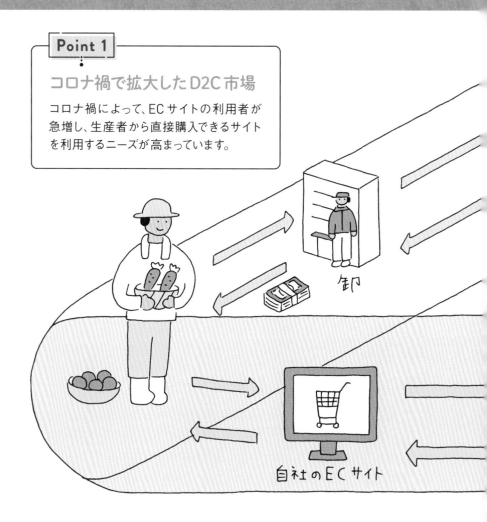

卸

自社のECサイト

従来の物販

小売

消費者

Point 2

D2C向け商材が
eコマースで成長

国内eコマース市場で
は、物販系分野が成長
しています。ここには
D2Cに適した商材が数
多く含まれています。

D2C

消費者

Point 3

コロナ禍で
ネット購入利用
世帯は5割突破

ネットショッピングの
利用世帯は、2020年5
月以降、50%を突破し
ており、こうした動きも
D2Cの成長を下支えし
ています。

自らが生産した商品を直接届ける

D2Cは、Direct to Consumerの略で、ディーツーシーと読みます。D2Cは、デジタルの活用をさらに進め、自社で開設したECサイトやSNSを通じて、自らが企画、開発、生産した商品を、消費者に対して直接販売する仕組みとなります。従来の物販は、生産者から卸売業者を通じて、小売店に流通され、そこから消費者に販売される仕組みでした。これがeコマースの広がりとともに、生産者がECサイトなどのプラットフォームを介して消費者に販売するケースが増加してきました。今後の流通構造を変化するきっかけになるとの見方もあります。

Point 1

コロナ禍で拡大したD2C市場

D2Cが拡大した背景には、顧客の囲い込みニーズの広がりや、ECサイトの構築を支援するサービスの増加に加えて、コロナ禍において、ECサイトを利用する消費者が急増し、生産者から直接購入するニーズが増えたことがあげられます。

D2Cが拡大した背景

生産者側	消費者側
• 顧客の囲い込みニーズが増加した • ECサイトの自社構築が簡易化した	• コロナ禍で利用者が増加した

Point 2

D2C向け商材がeコマースで成長

経済産業省によると、2021年の消費者向け電子商取引の市場規模は前年比7.35%増の20兆6950億円となり、なかでも、物販系分野は8.61%増の13兆2865億円となりました。個人消費における物品購入全体が横ばいであるのに対して、eコマースでの購入は伸長しています。ここにはD2Cに多い「食品、飲料、酒類」、「衣類・服装雑貨等」、「生活雑貨、家具、インテリア」などが含まれています。

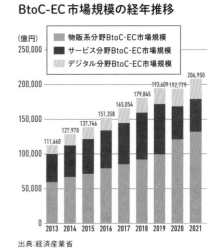

BtoC-EC市場規模の経年推移

出典:経済産業省

Point 3

コロナ禍でネット購入利用世帯は5割を突破

売れるネット広告社の調査によると、日本のデジタルD2C市場は、2025年には3兆円の規模に達すると予測されています。また、ネットショッピングの利用世帯の割合は、コロナ禍の2020年5月以降、50%を突破しており、こうした動きもD2Cの成長を下支えしています。

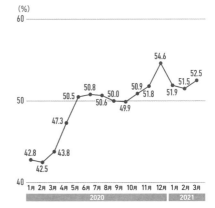

ネットショッピング利用世帯の割合

出典:総務省「家計消費状況調査」を基に作成

09 DX

ディーエックス

もはや企業の競争力強化と
日本の経済成長には不可欠な取り組みに

Point 1

**DXを支えるのは
新たな技術**

DXを支えるのは、クラウドやビッグデータ、AI、ロボティクス、IoT、セキュリティなどの新たなテクノロジーの活用です。

Point 2

**DXに取り組む企業は
わずか5%**

デジタイゼーションやデジタライゼーションの段階にある企業は9割以上で、DXに取り組んでいる企業はわずか5%です。

テクノロジーが実現を支える

クラウド　ビッグデータ　モビリティ　ソーシャル

AI　ロボティクス　IoT　サイバーセキュリティ

Point 3

DX推進の鍵になるのは 経営者の意識改革

DXは技術論ではなく、競争優位を確立するための組織論です。まずは経営トップの意識改革が必要です。

DXは技術論ではなく組織論である

DXは、「デジタルトランスフォーメーション」の略で、デジタルを活用して、企業や社会の仕組み、風土などを、根本から変革させることを意味します。経済産業省では、DXレポートのなかで、「企業がビジネス環境の変化に対応し、データとデジタル技術を活用して、顧客や社会のニーズを基に、製品やサービス、ビジネスモデルを変革するとともに、業務そのものや組織、プロセス、企業文化・風土を改革し、競争上の優位性を確立すること」とDXを定義しています。英語圏ではトランスを頭文字のTではなく、Xと表記する慣習があるため、DTとせずにDXとしていますが、ここには上下が反転するほどの変化という意味が込められています。

DXの概念

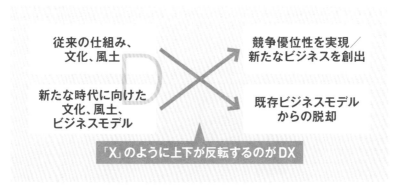

従来の仕組み、文化、風土

新たな時代に向けた文化、風土、ビジネスモデル

競争優位性を実現／新たなビジネスを創出

既存ビジネスモデルからの脱却

「X」のように上下が反転するのがDX

Point 1

DXを支えるのは新たな技術

クラウドやビッグデータ、モビリティ、ソーシャル、AI、ロボティクス、IoT、サイバーセキュリティなどの新たなテクノロジーがDXを支えます。また、レガシーシステムからの脱却もDXの実現には重要な鍵になります。

DXに取り組む企業はわずか5%

DXの初期段階が、アナログデータや物理データのデジタル化による「デジタイゼーション」、次の段階が、個別の業務・製造プロセスのデジタル化を行う「デジタライゼーション」とされていますが、日本の9割以上の企業がこれらの段階にあり、DXに取り組んでいる企業は約5%に留まります。依然としてデジタル投資の約8割が既存ビジネスの維持や運営に占められているのがその理由です。

デジタイゼーション
・アナログなデータの
　デジタル化

デジタライゼーション
・業務プロセスの
　デジタル化

DX
・組織横断的な事業や
　ビジネスモデルの変革

DX推進の鍵になるのは経営者の意識改革

経済産業省では、「DX推進指標」による自己診断を勧めていますが、IPAによると指標を提出した企業のうち、先行企業となる成熟度レベル3以上は17.8%に留まっています。識者からは、「DXは技術論ではなく、競争優位を確立するための組織論である」との声もあり、DXの推進にはまずは経営トップの意識改革が必要だと提言しています。

DX先行企業の割合の経年推移

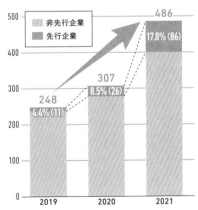

凡例：非先行企業／先行企業

	2019	2020	2021
合計	248	307	486
先行企業	4.4%(11)	8.5%(26)	17.8%(86)

出典:IPA「DX推進指標 自己診断結果　分析レポート(2021年版)」

41

Emotet

エモテット

ちょっとした不注意が、企業の信用を
無くすことにもつながるウイルス

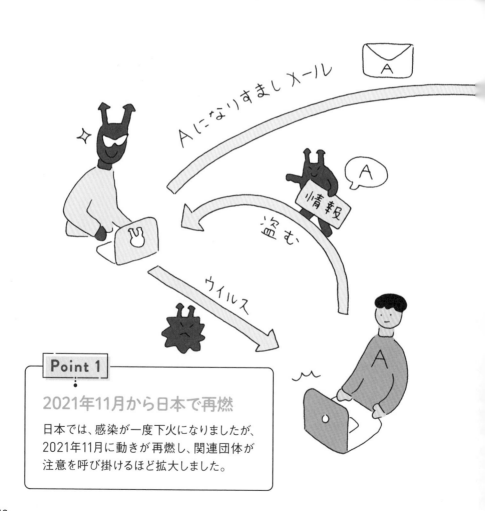

Point 1

2021年11月から日本で再燃

日本では、感染が一度下火になりましたが、
2021年11月に動きが再燃し、関連団体が
注意を呼び掛けるほど拡大しました。

なりすましメールで情報を搾取

Emotetは、なりすましメールと呼ばれるものであり、取引先からのメールを装い、請求書の修正などを要望し、感染させます。

Point 3

Emotetによる被害額は
全世界で25億ドルに

Emotetによる感染は、これまでに世界200カ国以上に広がり、25億ドルの損害をもたらしたとの試算があります。

43

感染すると取引先の攻撃に利用される

Emotet（エモテット）は、過去にメールをやりとりしたことがある実在の氏名やメールアドレス、メール内容などの一部が使用され、正規のメールを装う形で送信されます。そのため、業務に必要なメールと勘違いして、添付されているWordファイルやExcelファイルを開封して操作したり、文章中にあるURLを不用意にクリックしてしまい、そこからウイルスに感染したり、情報を搾取されたりします。送信される攻撃メールは、Emotetに感染してしまった企業などから窃取されたと見られ、感染者から得た情報が次の攻撃に使われるという構図になっています。

ウイルスの感染経路

マクロ付きの Officeファイルの開封	パスワード付きの ZIPファイルの開封
Excel アドインファイルの開封	メール本文中の URLへのアクセス

Point 1

2021年11月から日本で再燃

Emotetは、2014年頃に初めて発見されたウイルスですが、日本では、2019年頃に被害が増加しました。その後一度は下火になったものの、2021年11月に再び動きが活発化し、2022年には多くの感染が検出されています。

Point 2

なりすましメールで情報を搾取

Emotetは、標的型攻撃に分類され、取引先などになりすまして送信されます。たとえば、請求書に関する問い合わせ内容のメールが送られ、「いただきました請求書ですが、3点修正が必要です」という文面とともに、「請求書の発行日の記載」などの具体的な修正を求める内容を表示。それを確認するために、添付されているファイルを開封し、「編集を有効にする」などの操作を行うと感染してしまいます。

Emotetの文面の例

日頃より大変お世話になっております。
請求書を確認後、3営業日後の送金（着金）となります。
しかしながら、いただきましたご請求書ですが、3点修正が必要です。
①手数料が反映されておりませんでしたので、請求書に追記ください（5%）
②請求書の発行日を記載してください
③弊社名は「●○●○株式会社」です。
御修正お願いします。
請求書到着後より3営業日後の着金となります。
よろしくお願いいたします。

Point 3

Emotetによる被害額は全世界で25億ドルに

IPA（情報処理推進機構）によると、2022年3月1日〜8日に、Emotetに関する相談は323件となり、2月の同時期に比べて、約7倍となりました。Emotetによる感染は、これまでに日本を含む世界の200以上の国と地域で確認され、25億ドル以上の損害をもたらしたとの試算もあります。

**Emotetのような
標的型攻撃の被害が増加**

1位	ランサムウェアによる被害
2位	サプライチェーンの弱点を悪用した攻撃
3位	標的型攻撃による機密情報の窃取
4位	内部不正による情報漏えい
5位	テレワーク等のニューノーマルな働き方を狙った攻撃

出典：IPA「情報セキュリティ10大脅威 2023」の［組織］のトップ5

11 eスポーツ

イースポーツ

日本の得意分野を活かせる成長産業であり、地域活性化や高齢者支援にも活用

ゲーミングPC
周辺機器

プレイヤー

VS

オペレーター

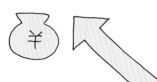

Point 1

プレーヤーに加え観客も増加

eスポーツ市場は、プレーヤー、オペレーター、オーディエンスで構成されており、様々な企業が参入しはじめています。

Point 2

なりたい職業に
eスポーツ選手

日本の男子中学生がなりたい職業では、6位のプロスポーツ選手を抜き、プロeスポーツプレーヤーが2位になりました。

ゲームをスポーツ競技として捉える

eスポーツは、エレクトロニックスポーツの略です。キャラクターを操作して1対1で対戦する「格闘ゲーム」、サッカーや野球などのスポーツを行う「スポーツゲーム」、パズルやトレーディングカードで対戦する「カードゲーム・パズルゲーム」、2チームに分かれ、敵の本拠地を落とす「MOBA（マルチプレイヤー・オンラインバトル）」、アイテムを用いて、敵対するキャラクターを倒す「FPS（ファーストパーソン・シューター）」、レース対戦する「レース」の6ジャンルに分類でき、囲碁や将棋などの対戦ゲームもeスポーツに含まれます。

格闘ゲーム	MOBA
キャラクターを1対1で対戦させる	2チームに分かれて敵の本拠地を落とす

スポーツゲーム	FPS
サッカー、野球などのスポーツゲーム	一人称視点で敵キャラクターを倒す

カードゲーム・パズルゲーム	レース
パズルやトレーディングカードで対戦	車などのレースゲーム

Point 1

プレーヤーに加え観客も増加

eスポーツ市場は、プレーヤー、オペレーター、オーディエンスで構成されており、eスポーツチームやイベント主催者、スポンサーには様々な企業が参入しています。地域活性化や高齢者支援にも活用されています。

なりたい職業にeスポーツ選手

日本eスポーツ連合（JeSU）では、eスポーツの定義を、電子機器を用いて行う娯楽、競技、スポーツ全般を指す言葉とし、コンピューターゲーム、ビデオゲームを使った対戦をスポーツ競技として捉える際の名称と定義しています。eスポーツの世界大会では賞金総額が数10億円というものもあり、日本の男子中学生がなりたい職業では、6位のプロスポーツ選手を抜き、プロeスポーツプレーヤーが2位になっています。

将来なりたい職業（2021年）

男子中学生

順位	職業
1位	YouTuber などの動画投稿者
2位	プロeスポーツプレイヤー
3位	社長などの会社経営者・起業家
4位	IT エンジニア・プログラマー
5位	ゲーム実況者

出典：ソニー生命プレスリリース「中高生が思い描く将来についての意識調査2021」（2021年7月29日）

国内のeスポーツ人口は1000万人規模に

世界のeスポーツ市場規模は2024年には16億2000万ドル、eスポーツ人口は5億8000万人に到達すると言われています。日本では、eスポーツ市場は2022年には116億円となり、2025年には約180億円の規模に成長。2022年のeスポーツ人口は1000万人規模に達しています。

国内のeスポーツ市場規模

（百万円）

2018	2019	2020	2021	2022	2023	2024	2025
4,831	6,118	6,789	7,824	11,614	12,947	15,018	17,968

予測値

出典：角川アスキー総合研究所「日本eスポーツ白書2022」

12 FinTech（xTech）

フィンテック（エックステック）

金融分野で生まれた革新的な
サービスの潮流は様々な業界にも波及する

Point 1

様々な要素が
絡み生まれた市場

FinTechの広がりの背景にあるのは、スマホの普及や先端テクノロジーの進化のほか、政府の規制緩和の動きも見逃せません。

50

Point 2

様々な産業に広がる xTech の動き

FinTech 以外にも様々な業界で「xTech」の動きが起きています。EdTech や HealthTech、FoodTech など、業界ごとに言葉があります。

Point 3

xTech は新しい価値や仕組みを提供する動き

xTech は産業や業種を超えて、テクノロジーを活用したソリューションを提供し、新しい価値や仕組みを提供する動きです。

金融サービスとデジタルの組み合わせ

FinTechは、Finance（金融）とTechnology（技術）を組み合わせた造語で、金融サービスとデジタル技術を組み合わせて、革新的なサービスを提供することや、新たに創出された事業領域などを指します。個人がスマホのアプリを使って支払ったり、送金できたりするサービスのほか、銀行口座と連携した資産管理サービス、AIを活用して投資や運用をアドバイスする資産運用サービス、小売店や飲食店がスマホなどを決済端末として利用する決裁サービスなどがあります。仮想通貨もFinTechのひとつです。大手金融機関とデジタルテクノロジー企業との連携で新たなサービスが生まれています。

Fintechの拡大要因

スマートフォンの普及　　安全技術の確立

先端テクノロジーの進化　　APIの活用

政府の規制緩和

Point 1

様々な要素が絡み生まれた市場

FinTechの広がりの背景にあるのは、個人へのスマホの普及、AIやブロックチェーンなどの先端テクノロジーの進化、生体認証などの安全技術の確立、APIを活用したサービス連携のほか、政府の規制緩和の動きも見逃すことができません。

Point 2

様々な産業に広がるxTechの動き

FinTechは既存の金融サービスとデジタル技術が組み合わさった事例ですが、同様に既存サービスとデジタルが組み合わさった「xTech」が様々な業界で起きています。教育分野のEdTech、ヘルスケア分野のHealthTech、農業分野のAgriTech、食に関わる業界を対象にしたFoodTech、保険分野のInsurTech、法律分野のLegalTech、人事領域のHR Techなど、様々な業界で言葉が生まれています。

様々な産業でデジタルを活用

分野	呼称
教育	EdTech
ヘルスケア	HealthTech
農業	AgriTech
飲食	FoodTech
保険	InsurTech
法律	LegalTech
人事	HR Tech

Point 3

xTechは新しい価値や仕組みを提供する動き

総務省では、xTechを、産業や業種を超えて、テクノロジーを活用したソリューションを提供し、新しい価値や仕組みを提供する動きとしています。なかでもFinTechが最も注目されており、CB Insightsによると、2021年の世界のベンチャーキャピタル投資額の21%がFinTech関連で、1年で2.7倍も増加しました。

2021年のVCの投資額に占めるFinTechの割合

21%

出典：CB Insights「State Of Venture 2021 Report」

13 GAFAM
ガーファム

世界のIT市場をリードする主要5社は
今後もその地位を維持するのか

日本株合計を超える時価総額

盤石な経営基盤と高い成長率を背景に、5社合計の時価総額は、日本株を合計した時価総額を上回っています。

Point 2

主要IT市場を
独占する5社

5社はスマホやPCのOSのほか、ECサイト、SNS、検索サービス、クラウドサービス市場などを独占しています。

Point 3

生活に不可欠な
デジタルサービスを提供

5社が提供しているのは、生活において不可欠なデジタルサービスばかりです。今後もこのポジションは維持されそうです。

GAFAMが席巻するIT市場の現在

米国大手IT企業であるグーグル、アマゾン、フェイスブック、アップル、マイクロソフトの5社の頭文字を取ったのがGAFAMです。読み方はガーファム。また、この5社は、ビッグファイブやビッグテック、テックジャイアントと呼ばれることもあります。当初は、GAFA（ガーファ）と呼ぶことが多かったのですが、最近ではマイクロソフトを加えて呼ぶことが一般化しています。しかし、フェイスブックが社名をメタに変更し、グーグルの親会社の名前がアルファベットであることから、いまでは頭文字があっていないともいえます。

GAFAMは元々は社名の頭文字

G oogle(Alphabet)

A mazon.com

F acebook(Meta Platforms)

A pple

M icrosoft

Point 1

日本株合計を超える時価総額

GAFAMは、世界のIT市場の時価総額上位5位までを占めています。5社の合計額は、2021年8月には、7兆500億ドルとなり、日本株全体の時価総額合計の6兆8000億ドルを超えました。2022年1月には9兆5700億ドルにまで拡大しています。

Point 2

主要IT市場を独占する5社

ICTの主要分野は、GAFAMに独占されています。スマホ向けOSでは、アップルのiOS、GoogleのAndroidで占められ、フェイスブックの月間アクティブユーザー数は全世界で約29億人となり、SNSの利用者数では圧倒的です。検索エンジン市場ではGoogleが85%以上のシェアを占め、アマゾンはEC市場で首位であり、近い将来には小売業全体でも世界一になるとの予測もあります。マイクロソフトのWindowsは10億人以上が利用しています。

IT企業の時価総額上位5社（2022年）

順位	社名	時価総額(億ドル)
1位	Apple	28,282
2位	Microsoft	23,584
3位	Alphabet	18,215
4位	Amazon.com	16,353
5位	Meta Platforms	9,267

出典:総務省「情報通信白書令和4年版」

Point 3

生活に不可欠なデジタルサービスを提供

生活においてデジタルの利活用が不可欠となっているいま、私たちは必ずといっていいほど、GAFAMの製品やサービスを、何らかの形で利用し、その恩恵を受けているはずです。そして、GAFAMは、当面の間、IT市場をリードするポジションを維持すると、多くの業界関係者が見ています。

主要SNSの月間アクティブユーザー数

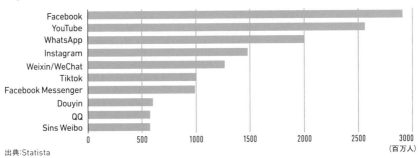

出典:Statista

（百万人）

GDPR
ジーディーピーアール

欧州で制定された個人データを保護する
法令は今後の世界の主流になりそうだ

名前　住所　メールアドレス

IPアドレス

当サイトはクッキーを使用します
[同意]　[しない]

Cookie

Point 1

個人データを人権に捉えた法令

GDPRが施行された背景には、個人データを人権のひとつと捉え、企業が勝手に利用できないように規制する狙いがあります。

Point 2

個人データ保護の厳しい規制

企業は個人データを収集、保存、利用する
際には、目的を説明し、同意を得る必要が
あるなど厳しい規制をしています。

企業

GDPR

Point 3

日本でも個人データ保護の規制を強化

日本でも、2022年4月から改正個人情報
保護法が全面施行され、個人データ保護
に関する規制が強化されています。

多くの日本企業も対象になるEUの規制

GDPRは、General Data Protection Regulationの略で、日本では「EU一般データ保護規則」と呼ばれます。2018年5月に施行されたもので、個人データやプライバシーの保護に関して、EU域内で適用される法令です。日本に本社がある場合でも、EU域内に拠点を置いている企業や、日本から商品やサービスをEUに提供している企業は法令の対象となります。EU域内の個人情報を収集、保存、利用する際の規制や、個人データのEEA（欧州経済領域）域外への移転については原則禁止とすることなどが定められ（日本は例外措置）、法令に違反した場合には罰則が科せられます。

GDPRによる個人データの保護

- 自身の個人データの削除を管理者に要求できる
- 自身の個人データを簡単に取得、再利用できる
- 自身の個人データの侵害を知ることができる
- サービスやシステムは個人データの保護を前提として設計される

Point 1

個人データを人権に捉えた法令

GDPRが施行された背景には、個人データをデジタル時代の人権と捉え、企業がこれを勝手に利用できないように規制する狙いがあります。たとえば、GDPRでは、ユーザーが、自らの個人データを閲覧し、削除する権利を持つことができます。

Point 2

個人データ保護する厳しい規制

GDPRで対象となる個人データは、氏名、住所、メールアドレスなどのほかに、IPアドレスやクッキーといったオンライン識別子も対象となります。また、企業は個人データを収集、保存、利用する際には、その目的を適正に説明し、同意を得る必要があり、管理においては個人データの匿名化や暗号化を求めています。企業は情報漏洩が発生した場合には72時間以内に通報しなくてはいけません。

GDPRの影響で、クッキー利用に同意を求めることが一般化した

このページはクッキーを利用しています。
クッキーの使用に同意いただける場合は「同意します」をクリックしてください。

同意します　　　　　同意しません

Point 3

日本でも個人データ保護の規制を強化

GDPRに違反した際には、最大で2000万ユーロあるいは該当企業の全世界年間売上高の4%のいずれか高い方が制裁金として科せられます。すでに、大手IT企業などに高額の制裁金が科せられています。日本では、2022年4月から改正個人情報保護法が全面施行され、個人データ保護が強化されました。

日本の改正個人情報保護法の変更点

変更点	改正前	改正後
情報開示請求方式	原則として書面による交付	本人が請求した方式によって開示
報告義務	個人情報保護委員会への報告	本人への報告の義務化
措置命令違反の罰則	6ヶ月以内の懲役または30万円以下の罰金	1年以下の懲役または100万円以下の罰金

15 GPU
ジーピーユー

ゲームが高画質化してもストレスなくプレイ
できるようにするための縁の下の力持ち

Point 1

画像を処理するための専用装置

CPUが幅広いワークロードを処理するの
に対して、画像などの膨大なデータ処理に
特化して、高速に演算するのがGPUです。

GPUの機能を
クラウドでも提供

GPUには、専用GPUと、統合GPUがあります。一方、GPUの機能をクラウドで提供するサービスもあります。

ゲーム用GPU市場は
2桁成長を維持

ゲーム用GPU市場は、年平均成長率が14.1%で伸びています。グラフィックスを多用したゲームアプリの増加などか理由です。

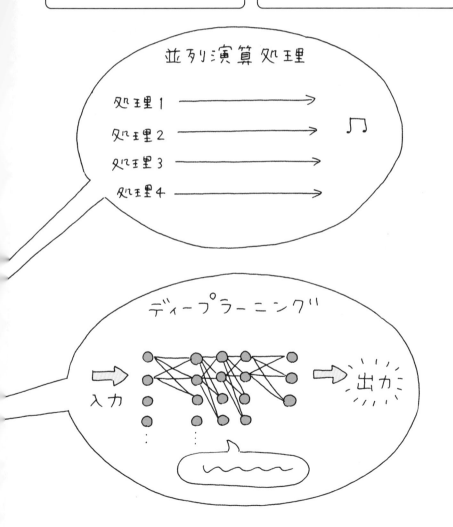

圧倒的な画像処理速度がGPUの特徴

GPUは、Graphics Processing Unitの略で、画像処理を行う演算装置のことを指します。CPU(Central Processing Unit、中央演算処理装置)に比べて、圧倒的な画像処理速度を実現します。3Dをはじめとした精細な画像を用いたゲームをストレスなくプレイできるだけでなく、高速な並列演算処理を行ったり、ディープラーニングの用途でも活用したりといったように、GPUの役割はますます重要になっています。世界初のGPUと言われているのが1999年8月にNVIDIAが発表したGeForce 256です。ビデオチップやウィンドウアクセラレータと呼ばれていた名称を統合しました。

画像を処理するための専用装置

CPUは、幅広いワークロードを処理できるのが特徴ですが、画像などの膨大で、単純な作業を、高速に処理するために、専用の装置があると最適です。それがGPUであり、CPUと連携しながら動作します。パソコンやスマホ、サーバーに搭載されています。

Point 2

GPUの機能をクラウドでも提供

GPUには、グラフィックボードとして提供する専用GPUと、SoC（System on a chip）としての統合や、CPUに内蔵した統合GPUがあります。専用GPUでは、NVIDIAとAMDの2社が先行し、2022年にインテルが参入しました。また、アップルなどが統合GPUを投入しています。GPUの機能をクラウドで提供するサービスもあります。最近では、データの解析や処理などを専用に行うDPU（Data Processing Unit）が注目を集め、CPU、GPUに続く、第3のプロセッサとも言われています。

専用GPU	統合GPU	DPU
グラフィックボードとして提供	CPUに内蔵	データ処理に特化

Point 3

ゲーム用GPU市場は2桁成長を維持

Mordor Intelligenceは、ゲーム用GPU市場における2026年までの年平均成長率が14.1%になると予測しました。グラフィックスを多用するゲームアプリの増加で、パソコンやスマホ、タブレットなどでのGPUの採用が増加すると見ているからです。今後は課題だったコロナ禍での半導体不足の影響も緩和すると見ています。

GPUの成長予測

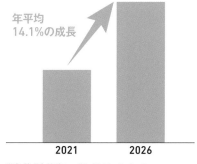

年平均
14.1%の成長

2021　2026

出典:株式会社グローバルインフォメーション

16 IoT
アイオーティー

様々な場所にあるデバイスから収集した データを活用して社会課題を解決

Point 1

センサー、 カメラなども接続

IoTの実現においては、 センサーや監視カメラ などが重要なIoTデバ イスとなります。また、 ネットワークも大切にな ります。

Point 2

増加する接続デバイスとデータ量

2023年にインターネットに接続されるIoTデバイスは340億9000万台に達します。今後セキュリティ確保が課題になります。

Point 3

国内IoT市場は年率9.1%増で成長

国内IoT市場は2026年までの年平均成長率が9.1%となり、9兆1181億円の規模に達すると予測されています。

あらゆるモノがネットにつながる

IoTは、Internet of Thingsの略であり、アイオーティーと読みます。あらゆるモノがインターネットに接続されることを指します。モノの範囲は幅広く、家電や自動車、住宅やビル、工場、医療機器、衣服、玩具など多岐に渡ります。これらの様々なモノから、デジタルデータが大量に生成され、収集されたデータをAIによって解析し、その結果をもとに社会の課題解決や、企業の事業成長、生活の質的向上につなげることができます。一例として、離れて暮らしている家族が、電気ポットで給湯すると、その情報をもとに安否が確認できる見守りサービスがあげられます。

Point 1

センサー、カメラなども接続

IoTの実現において重要なのはセンサーです。温度や湿度、照度、速度、電圧などを計測します。また、監視カメラなどもIoTデバイスのひとつです。さらに、様々な場所にあるセンサーやデバイスをつなぐネットワークも重要な要素になります。

Point 2

増加する接続デバイスとデータ量

総務省の情報通信白書によると、2023年にインターネットに接続されるIoTデバイスは340億9000万台に達すると予測されています。また、IDCによると、2025年に187ZB（ゼタバイト）のデータが生成されると予測しています。これだけ多くのデバイスから、多くのデータが生成されることになります。課題はセキュリティの確保です。つながるモノが増えれば、それだけセキュリティリスクも高まります。

世界のIoTデバイス数の推移と予測

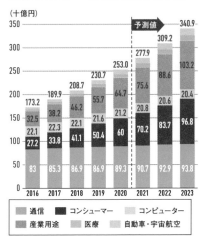

出典：「情報通信白書令和4年版」

Point 3

国内IoT市場は年率9.1％増で成長

IDC Japanでは、国内IoT市場は2026年までの年平均成長率が9.1％となり、9兆1181億円に達すると予測しています。調査では組立製造やプロセス製造、官公庁、公共／公益、小売、運輸でのIoT支出額が多いこともわかりました。今後、スマートホームや農業フィールド監視などが高い成長を遂げます。

国内IoT市場の分野別市場予測

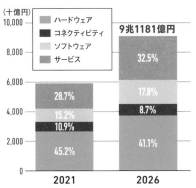

出典：IDC Japanプレスリリース「国内IoT市場の産業分野別／テクノロジー別市場予測を発表」（2022年4月4日）

17 MaaS
マース

移動を手段だけでなく、一元化した
サービスとして提供するデジタル変革

Point 1

日本版MaaSの実現を目指す

大都市と地方部のMaaSを相互連携したユニバー
サル化、サービスの連携による高付加価値化で日
本版MaaSを目指しています。

異業種連携や
社会課題解決も

高齢者の病院予約と交通サービスの連携や、データ活用による交通渋滞の緩和といった社会課題の解決にも活用します。

国内MaaS市場は
2030年までに12倍成長

国内MaaS市場は2022年の5355億円から、2030年には12倍の6兆4000億円へと急成長することが予測されています。

移動の利便性向上と地域活性化に貢献

MaaSは、Mobility as a Serviceの略で、マースと読みます。国土交通省では、「地域住民や旅行者一人ひとりのトリップ単位での移動ニーズに対応して、複数の公共交通やそれ以外の移動サービスを最適に組み合わせて、検索、予約、決済などを一括で行うサービスであり、観光や医療などの目的地における交通以外のサービスとの連携により、移動の利便性向上や地域の課題解決にも資する重要な手段となる」と定義しています。デジタルを活用した新たな移動サービスであり、地域や観光地における移動の利便性向上、外出機会の創出や地域活性化にも貢献します。

MaaSの例

日本版MaaSの実現を目指す

MaaSは、移動を手段だけでなく、利用者に対する一元的なサービスとして捉えられています。政府では大都市と地方部のMaaSを相互連携したユニバーサル化、サービスの連携による高付加価値化によって日本版MaaSを実現する考えです。

Point 2

異業種連携や社会課題解決も

MaaSは鉄道やバスなどの既存の公共交通機関と、電動キックボードやシェアサイクルなどの複数の移動手段を最適に組み合わせ、それらの検索、予約、決済をアプリで行えるサービスのほか、高齢者などの病院予約、旅行者などの観光施設の予約といった異業種サービスと交通サービスの連携を実現します。また、インフラ整備や交通渋滞の緩和など社会課題の解決にも活用されます。

生活・観光サービスとの組み合わせ例	MaaS関連データの社会インフラ整備への活用例
● 病院やホテルの予約 ● 商業施設や美術館の割引 ● イベント情報配信	● 道路や交通結節点の整備 ● 信号制御の見直し

Point 3

国内MaaS市場は2030年までに12倍成長

イードによると、MaaS市場のプレーヤーは、モビリティ事業者、MaaSサービス事業者、MaaSシステム事業者、MaaS連携データ/API事業者で構成され、国内MaaS市場は2022年の5355億円から、2030年には12倍となる6兆4000億円へと急成長することが予測されています。

国内MaaS市場規模予測

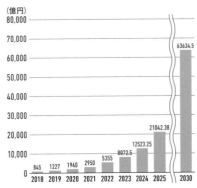

（億円）

2018	2019	2020	2021	2022	2023	2024	2025	2030
845	1227	1940	2950	5355	8072.5	12523.25	21042.38	63634.5

出典：イードプレスリリース「イード、国内のMaaSプレーヤーに関する調査レポート73を発表」（2022年2月28日）

18 NFT
エヌエフティー

デジタルコンテンツに真正性と資産価値を
もたらし、新たな市場を創出する

真正性の担保　　　取引履歴の追跡

Non Fungible Token

Point 1

100億円近い
高額の取引も

デジタル化されたコレクターズ
アイテムなどが取引されています。
アート作品が6935万ドルで高額
取引された例もあります。

Point 2

NFTで実現される
4つの特性

NFTの特性として、「固有性」、「取
引可能性」、「相互運用性」、「プ
ログラム可能性」の4点があげら
れます。

わずか1年で215倍の市場規模に拡大

2021年のNFTの取引金額は前年から215倍に
急拡大しました。2027年までの年平均成長率は
35.0%と高い伸びが見込まれます。

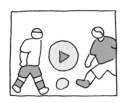

デジタルコンテンツに
NFTによる証明書をつけることで、
真正性が担保される

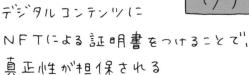

ユーザー間で取引可能

NFTは唯一無二を示すデジタルの証明書

NFTは、Non Fungible Tokenの略で、非代替性トークンと訳されます。ブロックチェーン上で発行されるデジタルコンテンツの証明書のことを指し、真贋性を証明したり、取引履歴を追跡できたりします。デジタルの特徴は、基本的には劣化することがなく複製できる点にありますが、そのため、本物か、複製したものかの判別が難しいという課題がありました。NFTにより、デジタルコンテンツに真正性を与え、資産価値をもたらすことができるようになり、唯一無二となるデジタルコンテンツを取引する新たな市場が、世界規模で創出されています。

NFTの主なマーケットプレイス

OpenSea	VIV3
Rarible	Binance NFT
Foundation	miime

Point 1

100億円近い高額の取引も

NFTを利用して、クリエイターが創出したデジタル作品や、スポーツ選手やアーティストの画像、メタバース空間やゲームで使用できるアイテムなどが取引されています。デジタルアート作品が6935万ドルの高額で取引された例もあります。

Point 2

NFTで実現される4つの特性

PwCでは、NFTの特性として、鑑定書や所有証明書の記録による「固有性」、固有性や資産性を持たせることで実現する「取引可能性」、複数のプラットフォームを横断して利用できる「相互運用性」、取引数量を制限したり、二次流通の際にも収益の一部を原作者に還元したりという設計ができる「プログラム可能性」の4点をあげています。今後、NFTに関する法整備が進むことになります。

NFTの4つの特徴

固有性
他のデータと識別可能で改竄が困難

取引可能性
所有者が明確で追跡可能なため取引しやすい

相互運用性
共通規格で発行・流通されたものは異なるサービス間でも利用可能

プログラマビリティ
取引数量の制限など、機能を後から追加可能

出典:PwCコンサルティング合同会社「NFT（非代替性トークン）を活用したデジタル世界の未来【前編】」を基に作成

Point 3

わずか1年で215倍の市場規模に拡大

2021年のNFTの取引金額は176億9000万ドルとなり、前年から215倍も急拡大しました。Markets and Marketsによると、2027年までの年平均成長率は35.0%となり、136億ドルに達すると予測しています。日本が持つアニメやゲームなどの資産もNFTには適しており、新たな収益源になると期待されています。

NFTの成長予測

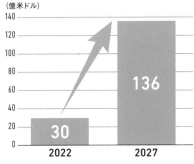

（億米ドル）

	2022	2027
	30	136

出典:株式会社グローバルインフォメーション

19 RPA
アールピーエー

日本の企業が抱える労働人口減少や
高齢化の課題を現場で解決するツール

Point 1

人的ミスがなく作業を効率化

人が行っていた作業を、RPA に置き替え
ることで、ミスがなく、正確に、一定のスピー
ドで、長時間の作業を行えます。

3段階で自動化を
進めるRPA

RPAは定型業務の自動化だけで
なく、非定型業務の一部自動化、
高度なAIとの連携による業務や
意思決定の自動化へと進化します。

コロナ禍への対応で
導入進む米国企業

米国では58.0%の企業がRPA
を導入しており、そのうち、コロ
ナ禍への対応としてRPAを導入
した企業が23.6%に達します。

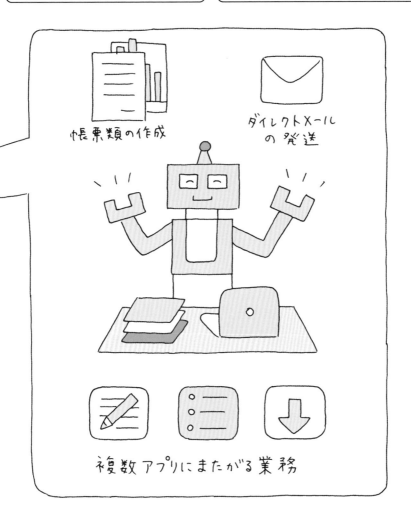

帳票類の作成

ダイレクトXールの発送

複数アプリにまたがる業務

オフィスの定型業務を自動化できるRPA

RPAは、Robotic Process Automationの略です。しかし、物理的なロボットなどを利用するものではありません。人が行ってきた定型的なパソコンでの作業などを、自動化して業務を効率化したり、人をより創造性の高い仕事にシフトしたりできます。具体的には、帳簿入力や伝票作成、ダイレクトメールの発送業務、経費チェック、顧客データの管理などがあり、複数のアプリケーションを使用する業務プロセスの自動化も行えます。労働人口の減少や高齢化が課題となっている日本においては、生産性の向上がテーマになっていますが、その解決策としても注目を集めています。

RPAに適した業務のポイント

- 扱うアプリが決まっていること
- 扱うデータが決まっていること
- 操作手順が決まっていること
- 例外が発生しにくいこと

人的ミスがなく作業を効率化

これまでは人が行っていた手作業を、RPAに置き替えることで、ミスがなく、正確に、一定のスピードで、長時間の作業を行います。また、RPAの導入によって、複数のシステムに同じ情報を手入力していたといった手間もなくなります。

Point 2

3段階で自動化を進めるRPA

総務省の情報通信白書では、RPAには3段階の自動化レベルがあるとしています。クラス1は、定型業務を自動化し、クラス2は、AIと連携して非定型業務の一部も自動化します。クラス3では、より高度なAIとの連携によって、業務プロセスの分析や改善だけでなく、意思決定までを自動化できます。人手で行っていた作業品質を落とさず、効率化、低コスト化することが鍵です。

RPAの3つの段階

クラス1 （RPA）	定型業務の自動化
クラス2 （EPA）	一部非定型業務の 自動化
クラス3 （CA）	高度な自律化

EPA = Enhanced Process Automation
CA = Cognitive Automation

Point 3

コロナ禍への対応で導入進む米国企業

IPAのDX白書によると、RPAによる定型業務の自動化に取り組んでいる日本の企業は33.8%と3分の1を占めていますが、米国では58.0%と過半数に達しています。なかでも、コロナ禍への対応としてRPAを導入した企業が、米国では23.6%に達している点が特筆できます。

RPAの日米比較

● RPAによる定型業務の自動化　　　　　　　　　日本（n=533）　米国（n=369）

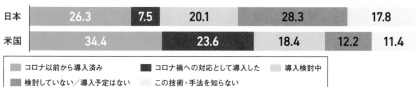

	コロナ以前から導入済み	コロナ禍への対応として導入した	導入検討中
日本	26.3 / 7.5	20.1	28.3 / 17.8
米国	34.4	23.6	18.4 / 12.2 / 11.4

■ コロナ以前から導入済み　■ コロナ禍への対応として導入した　導入検討中
■ 検討していない／導入予定はない　この技術・手法を知らない

出典：IPA「DX白書2021」

20

SaaS

サース（サーズ）

もはやアプリケーション利用の
主流になっているクラウドサービス

インストールしなくてよい

Point 1

常に最新機能が利用できる

SaaSは、提供側で随時アップデートするため、常に最新の機能やセキュリティ対策が利用できることが大きな特徴です。

品質やコスト、速度がメリット

品質が高いアプリケーションを必要に応じて選択できるほか、初期コストの低減、短期間で導入できるメリットがあります。

さまざまな ソフトウェアが
クラウド上で 動作

Point 3

2026年度にはSaaSが 68%を占める

国内のSaaS市場は2026年には1兆6681億円に拡大すると予測されており、ソフト市場全体の68%をSaaSが占めます。

アプリケーションをクラウドから利用

クラウドサービスのひとつが、SaaSです。Software as a Serviceの略で、サースやサーズと読みます。アプリケーションをサービスとして提供するものであり、CRM（Customer Relationship Management）やERP（Enterprise Resource Planning）などのほか、マイクロソフトがクラウドで提供しているOffice製品群なども含まれます。アプリケーションを利用する際には、パソコンやサーバーにソフトウェアをインストールする必要がありましたが、SaaSではクラウドからソフトウェアを利用できるのが特徴です。従量課金や定額制での利用がほとんどです。

SaaSの分類

バーティカルSaaS	ホリゾンタルSaaS
• 医療、看護、不動産、外食など、特定の業界に特化した機能を提供	• 業界を問わず利用できる機能を提供 • グループウェア、ビジネスチャット、オンライン会議ツールなど

Point 1

常に最新機能が利用できる

SaaSは、提供する側が開発したサービスを利用するため、標準機能の利用が中心でカスタマイズには制限があります。しかし、提供側でアップデートするため、常に最新の機能やセキュリティ対策が利用できます。

Point 2

品質やコスト、速度がメリット

SaaSは、最新の機能を搭載した品質が高いアプリケーションを、必要に応じて選択して利用できることや、初期投資コストが抑えられ、利用した分だけを支払えばいいコストメリット、短期間で利用が開始できるメリットがあります。ITの専門知識を持つ技術者も最小限ですみます。しかし、手軽に利用できるため、IT部門が管理していない「シャドーIT」が増える課題も指摘されています。

メリット
- 最新機能や高度なセキュリティ対策を利用できる
- 低コスト
- 導入スピードが速い

デメリット
- カスタマイズがしにくい
- IT部門が管理しない「シャドーIT」の増加

Point 3

2026年度にはSaaSが68%を占める

富士キメラ総研によると、国内SaaS市場の規模は、2026年度に1兆6681億円に拡大すると予測しており、ソフトウェア市場全体の68%をSaaSが占めます。しかし、DX白書によると、基幹システムなどのSoR（System of Records）でのSaaS導入は24.1%に留まり、米国の42.5%とは差があります。

国内市場におけるSaaSとパッケージの規模比較

分類	2022年度見込み	2026年度予測
SaaS	1兆891億円	1兆6,681億円
パッケージ	7,752億円	7,926億円

出典：富士キメラ総研プレスリリース『『ソフトウェアビジネス新市場 2022年版』まとまる』（2022年8月16日）

21

Society 5.0

ソサエティゴーテンゼロ

あらゆる人が質の高いサービスを受け、
活き活きと快適に暮らせる社会を実現する

Point 1

情報社会に続く
新たな社会

狩猟社会、農耕社会、
工業社会、情報社会
に続く新たな社会が
Society 5.0となります。
「超スマート社会」と呼
ばれます。

Point 2

IoTやAIで
社会課題を
解決する

Society 5.0は、IoT や
AI、ビッグデータなどの
テクノロジーを活用して、
社会を変革し、様々な
課題を解決します。

Society 1.0

Society 2.0

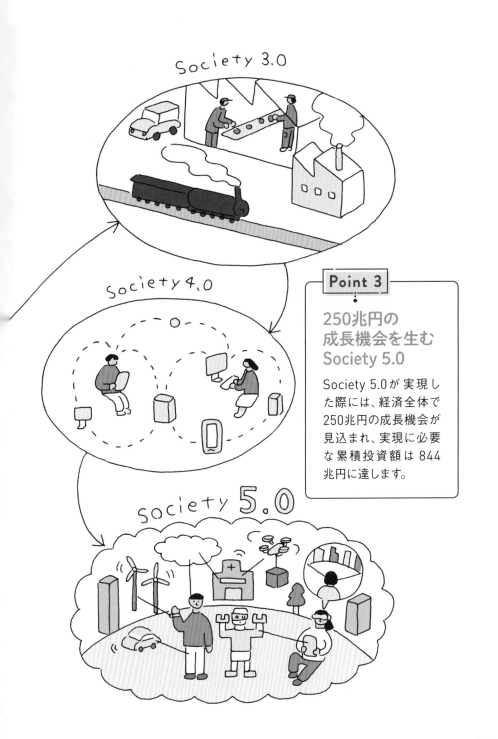

Society 3.0

Society 4.0

Society 5.0

Point 3

250兆円の
成長機会を生む
Society 5.0

Society 5.0 が 実現し
た際には、経済全体で
250兆円の成長機会が
見込まれ、実現に必要
な累積投資額は 844
兆円に達します。

人間中心の超スマート社会を実現する

Society 5.0は、サイバー空間と、フィジカル空間を高度に融合させたシステムにより、経済発展と社会的課題の解決を両立する人間中心の社会を指します。政府が2016年1月に定めた「第5期科学技術基本計画」で打ち出されました。必要なモノやサービスを、必要な人に、必要な時に、必要なだけ提供し、社会の様々なニーズにきめ細かく対応でき、あらゆる人が質の高いサービスを受けられ、年齢、性別、地域、言語といった違いを乗り越え、活き活きと快適に暮らすことができる社会を目指します。これを「超スマート社会」と呼びます。

超スマート社会の定義

> 必要なもの・サービスを、必要な人に、必要な時に、必要なだけ提供し、社会のさまざまなニーズにきめ細やかに対応でき、あらゆる人が質の高いサービスを受けられ、年齢、性別、地域、言語といったさまざまな違いを乗り越え、活き活きと快適に暮らすことのできる社会

出典:内閣府「第5期科学技術基本計画」

情報社会に続く新たな社会

狩猟社会をSociety 1.0、農耕社会をSociety 2.0、工業社会をSociety 3.0、そして、情報社会をSociety 4.0と位置づけ、それに続く、新たな社会がSociety 5.0となります。第4次産業革命によって実現する社会ともいえます。

IoTやAIで社会課題を解決する

これまでのSociety 4.0は、知識や情報が共有されず、分野を超えた連携が不十分という課題が発生していました。あふれる情報から必要な情報を見つけて分析する作業が必要であり、年齢や障害などによる行動の制約が生まれたり、少子高齢化や地方の過疎化への対応が困難でした。Society 5.0は、IoTやAI、ビッグデータを活用し、これらの課題を克服し、社会変革につなげることになります。

Society 5.0で解決できる課題

- 分野を超えた情報の共有・連携が不十分
- 年齢や障害などによる行動の制約
- 少子高齢化や地方の過疎化などの課題への対応が困難

250兆円の成長機会を生むSociety 5.0

政府ではSociety 5.0の先行的な実現の場として、スマートシティをあげています。また、経団連では、Society 5.0が実現した際には、経済全体で250兆円の成長機会が見込まれ、名目GDPは900兆円に達すると予測しています。また、実現に必要となる累積投資額は844兆円としています。Society 5.0を支える第4次産業革命は、水力や蒸気機関による工場の機械化が進められた第1次産業革命、電力を用いた大量生産である第2次産業革命、電子工学や情報技術を用いた自動化による第3次産業革命に続くもので、ビッグデータやIoT、AIなどが用いられた新たな経済発展が期待されています。

Society 5.0が実現した場合の効果

出典：経団連「ESG投資の進化、Society 5.0の実現、そしてSDGsの達成へー課題解決イノベーションへの投資促進ー」

気候変動問題や人権問題などへの対応が
企業の持続可能性と成長を支える鍵に

経済活動

持続

Point 1

不確実な時代における経営手法

不確実性の時代が訪れ、企業には持続的に稼ぐ力と、社会課題の解決を念頭においた経営が求められています。

環境保全

Point 2

課題対応は
事業継続の前提に

課題に対応しない企業
は、投資家や消費者、
労働者からの評価を得
られず、事業活動を継
続することが困難にな
ります。

可能

社会活動

Point 3

SDGsへの
積極的な
取り組みもSX

SXは、DXやGXよりも
広範な意味があります。
2030年をゴールとした
SDGsの17の目標への
積極的な取り込みも
SXのひとつです。

「稼ぐ力」と「ESG」を両立した企業経営

SXは、サステナビリティトランスフォーメーションの略称で、企業の「稼ぐ力」と「ESG(環境、社会、ガバナンス)」を両立し、持続可能性(サステナビリティ)を重視した経営を行うことを指します。経済産業省が、2020年8月に発行した「中間取りまとめ〜サステナビリティ・トランスフォーメーション(SX)の実現に向けて〜」のなかで示したもので、「社会のサステナビリティと企業のサステナビリティを同期化させていくこと、およびそのために必要な経営・事業変革(トランスフォーメーション)を指す」と定義しています。

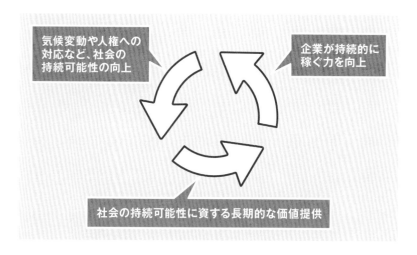

気候変動や人権への対応など、社会の持続可能性の向上

企業が持続的に稼ぐ力を向上

社会の持続可能性に資する長期的な価値提供

Point 1

不確実な時代における経営手法

コロナ禍や地政学的リスクなど、従来の価値観を大きく変える不測の出来事が相次ぎ、不確実性の時代が訪れています。企業は持続的に稼ぐ力を持ち、同時に社会課題の解決を念頭においた経営が求められています。

Point 2

課題対応は事業継続の前提に

経済的合理性がないために取り残されてきた課題は、もともと利益を創出することが難しく企業は避ける傾向がありましたが、気候変動問題や人権問題などは、企業が取り組むべき社会責任であり、課題に対応しない企業は、投資家や消費者、労働者からの評価を得られず事業活動を継続することが困難になります。サステナビリティに関わる課題は企業活動の持続性に大きな影響を及ぼします。

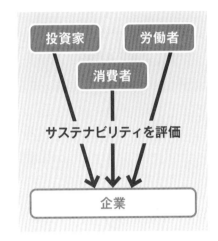

Point 3

SDGsへの積極的な取り組みもSX

デジタルによって企業を変革するDX（デジタルトランスフォーメーション）や、再生可能エネルギーを活用し、カーボンニュートラルを目指すGX（グリーントランスフォーメーション）に比べて、SXはより広範な意味があります。SDGsの17の目標にも積極的に取り組む必要があります。

23

UX

ユーエックス

製品の認知、購買、利用、サポート、
再購入までの顧客接点で体験価値を高める

UI
○ 製品との接点を意味する
○ 使いやすさや見やすさへの
　配慮が求められる

カレー

Point 1

購入後もアップデートで進化

製品の購入後もソフトウェアのアップデートなどによって機能を高めることができるのもUXのひとつです。

Point 2

顧客視点で
旅路を理解する
UX

顧客視点で多様化する
ニーズに対応する必要
があります。顧客体験
の一連の流れは「カス
タマージャーニー」と呼
びます。

○ 顧客体験を意味する
○ より良い体験を実現できるよう、
　より広範な施策が求められる

Point 3

UIは製品との接点を
指す別の言葉

UIは、UXと並べて使用されるこ
とが多い言葉ですが、製品との
接点や使いやすさを指す別の意
味を持った言葉です。

企業と顧客があらゆる接点でつながる

UXは、User Experienceの略で、製品やサービスを通じて提供される顧客体験のことを指します。顧客体験の幅は広く、製品を利用することで得られる体験に加えて、製品購入前に情報を検索したり、口コミサイトで情報を収集したり、様々な購入方法のなかから最適な方法で購入したりといった購入に至るまでの顧客体験も含まれます。また、購入後も製品の配送やアフターサービス、次の購入につながる提案においても顧客体験が求められています。企業が顧客に提供する体験価値の場は多く、顧客と企業との接点は増加しています。

Point 1

購入後もアップデートで進化

新製品が登場するとこれまでの製品の機能は遅れたものになります。しかし、購入後もソフトウェアのアップデートなどによって機能を高めることができるのもUXのひとつです。デジタルやデータを活用した対応が必要です。

Point 2

顧客視点で旅路を理解する

顧客が製品を認知、購買、利用、再購入するまでの顧客体験を高めるには、それぞれの接点において、顧客視点での旅路を理解し、多様化するニーズに向けた対応を考えなくてはいけません。そのためには、データを解析するAIやマーケティングオートメーション、顧客接点を自動化するチャットボットなどのツールの活用が最適です。顧客体験の一連の流れは「カスタマージャーニー」と呼びます。

カスタマージャーニーのステージ

Point 3

UIは製品との接点を指す別の言葉

UXとともに用いられる言葉にUIがあります。ユーザーインタフェースの略であり、製品との接点を指し、使いやすさや見た目の良さを意味します。情報通信白書では社内でデジタル技術の活用を促すためにUI／UXの改善に取り組んでいる企業は、日本では11.6%に留まり、米国の半分です。

UI・UXの改善・改良

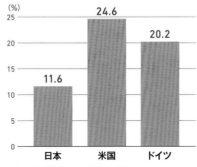

出典：総務省「情報通信白書令和4年版」

24

Web3

ウェブスリー

次世代インターネット社会では個人主導の 分散型デジタル経済圏が構築される

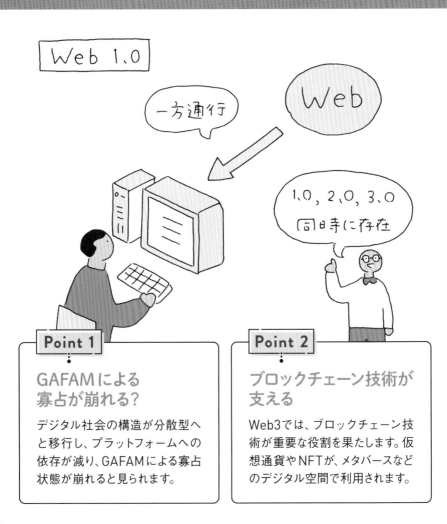

Point 1

GAFAMによる 寡占が崩れる?

デジタル社会の構造が分散型へと移行し、プラットフォームへの依存が減り、GAFAMによる寡占状態が崩れると見られます。

Point 2

ブロックチェーン技術が 支える

Web3では、ブロックチェーン技術が重要な役割を果たします。仮想通貨やNFTが、メタバースなどのデジタル空間で利用されます。

Web 2.0

Web

双方向型

Point 3

日本政府はWeb3の
環境整備に取り組む

政府は、Web3は日本の経済成長につながるとし、分散型デジタル社会の実現に向けた環境整備に取り組む考えです。

Web 3.0

分散

デジタル空間に生まれる新たな経済圏

Web3は、ウェブスリーと読み、Web3.0と表記されることもあります。Web1.0が、インターネット黎明期に、パソコンを利用して、ホームページを閲覧するように一方向的な情報発信だった時代に対して、Web2.0はスマホが中心となり、SNSなどを通じて個人が積極的に情報を発信し、共有する双方向型の時代を指します。そして、Web3では、ブロックチェーン技術やメタバースによって、デジタル空間で個人同士がつながり、経済圏が構成されます。また、特定のプラットフォームに依存しない世界が構築され、これまでの中央集権型から、分散型へと基盤が移行します。

Web 1.0／Web 2.0／Web 3.0の比較

	Web 1.0	Web 2.0	Web 3.0
時期	1990年台〜2000年台前半	2000年台後半〜2010年台	2020年台〜
データの流れ	単一方向	双方向	分散型
主要なサービス	ホームページ	SNS、EC	NFT、DAO、DeFi

Point 1

GAFAMによる寡占が崩れる?

デジタル社会の構造が分散型へと移行することで、情報や権利が偏らず、プラットフォームへの依存度が減り、現在のGAFAMなどによる寡占状態が崩れるとの指摘があります。すでにWeb3の覇権争いがスタートしています。

Web 3の利点

⌄

特定の企業に
依存しなくなること

Point 2

ブロックチェーン技術が支える

Web3では、ブロックチェーン技術が重要な役割を果たします。この技術を活用した仮想通貨（暗号通貨）やNFT（非代替性トークン）、DeFi（分散型金融）などにより、メタバースなどのデジタル空間において、サービスを提供したり、情報を流通したり、個人と個人が取引を行うことができ、新たな経済圏が生まれます。情報を分散管理するため、特定の企業に個人情報が集まることもありません。

Web3を支える技術

- ブロックチェーン
- 仮想通貨
- NFT
- DAO
- DeFi
- メタバース

Point 3

日本政府はWeb3の環境整備に取り組む

政府はWeb3による分散型デジタル社会の実現に向けた環境整備に取り組むことを明言しています。経済産業省では、大臣官房Web3.0政策推進室を2022年7月に設置し、Web3.0関連の事業環境整備の検討体制を強化。デジタル庁でもWeb3.0研究会を設置し、Web3の環境整備に向けた検討を進めています。

日本政府によるWeb3.0への対応

経済産業省
大臣官房 Web3.0政策推進室

デジタル庁
Web3.0研究会

25

アジャイル開発

アジャイルカイハツ

多様化する時代のニーズに、迅速に、
最適に対応する開発手法として注目

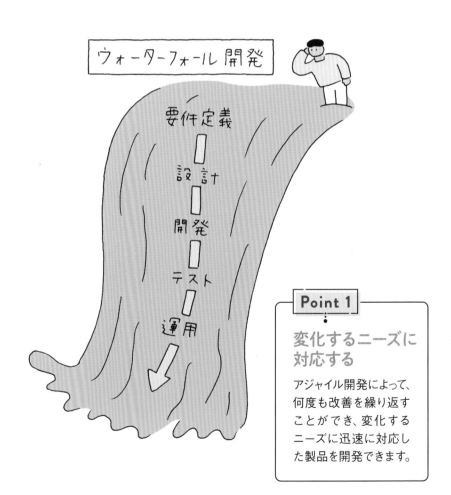

ウォーターフォール開発

要件定義
設計
開発
テスト
運用

Point 1

変化するニーズに
対応する

アジャイル開発によって、何度も改善を繰り返すことができ、変化するニーズに迅速に対応した製品を開発できます。

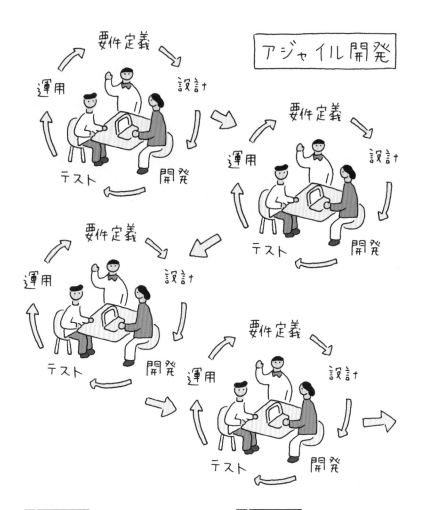

アジャイル開発

要件定義
設計
開発
テスト
運用

Point 2

日本での採用は 37%に留まる

米国ではアジャイル開発を活用したり、検討している企業は75.1%に達していますが、日本では37.1%に留まります。

Point 3

スクラムによってアジャイルを推進

アジャイル開発の標準的手法にスクラムがあります。必要なメンバーの役割と必要なスキルを理解し、チームを構成します。

繰り返し改善をすることで品質を向上

従来の開発手法はウォーターホール型と呼ばれ、要件定義から設計、開発、テスト、運用の流れで計画を立て、それらの工程を順番に行う仕組みでした。それに対して、アジャイル開発は、それぞれの機能を小さく分割し、機能ごとに動作するシステムを構築。それを早期にリリースしたり、ベータ版として公開したりすることで、利用者からのフィードバックを得ながら、繰り返し改善を行っていく手法を指します。早期にサービスを提供できるほか、継続的な改善によって、顧客ニーズの多様化に対応した形で、サービス品質を高めることができます。

アジャイル開発の利点

- 早期にサービス提供開始できる
- 利用者からのフィードバックを得られやすい
- 継続的にサービス品質を高められる

変化するニーズに対応する

アジャイル開発が広がった背景には、変化するニーズに迅速に対応する狙いがあります。従来の開発手法は、事前検討に時間をかけることが多く、、サービスが登場した時にはニーズが変化し、サービスが陳腐化するケースが多くなったからです。

日本での採用は37%に留まる

アジャイル開発のメリットは、優先度が高い重要な機能やサービスから開発に着手でき、早い段階から機能を試すため、仕様や要求に合致したものになっていることを早期に確認できます。また、要求が変更された場合でも、柔軟に対応できます。米国ではアジャイル開発を活用したり、検討している企業は75.1%に達していますが、日本では37.1%に留まっています。

アジャイル開発の活用状況

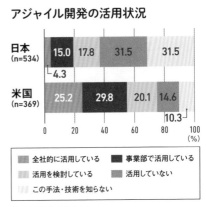

	全社的に活用している	事業部で活用している	活用を検討している	活用していない	この手法・技術を知らない
日本 (n=534)	15.0	4.3	17.8	31.5	31.5
米国 (n=369)	25.2	29.8	20.1	14.6	10.3

出典：IPA「DX白書2021」

Point 3

スクラムによってアジャイルを推進

アジャイル開発手法のひとつがスクラムです。ラグビーのスクラムを語源としているように、ビジョンを示すプロダクトオーナーや、チームメンバーを後押しするスクラムマスターを中心に、チームを形成し、ゴールを目指します。アジャイル開発では必要なメンバーの役割と必要なスキルを理解し、チームを構成することが重要になります。

スクラムによる開発のイメージ

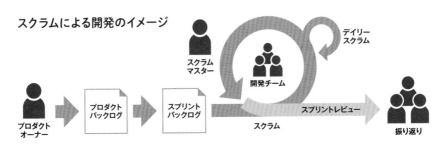

26

エッジコンピューティング

エッジコンピューティング

無人店舗の実現や自動運転を支える
新たなコンピューティング環境

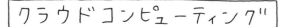

Point 1

IoTの普及がエッジ利用を促進

IoTの普及でエッジコンピューティングの役割はますます重視されています。5Gによるネットワーク接続も普及を後押しします。

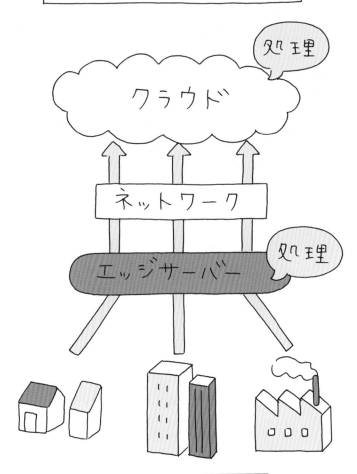

エッジコンピューティング

クラウド 処理

ネットワーク

エッジサーバー 処理

エッジでAIを
活用する動きも

エッジにAIの学習モデルを搭載し、リアルタイム性を高めることも可能です。これをエッジAIと呼んでいます。

企業で急増する
エッジでのデータ活用

2025年までに企業データの75%が従来のデータセンターの外や、クラウドの外で生みだされると予測されています。

ネットワークの端(エッジ)で分散処理

これまでのコンピューティング環境は、収集したデータをネットワークで接続したサーバーやクラウドで処理していましたが、エッジコンピューティングでは、データを収集したデバイスや、その近辺に設置するサーバーなどで処理します。クラウドコンピューティングが中央処理であったのに対して、エッジコンピューティングは分散処理を行う仕組みだといえます。その場で処理を行うため、ネットワークによる遅延が低減し、リアルタイム性を高めたり、エッジで処理後にデータをサーバーに送信するため、データ量を少なくしたり、暗号化によりセキュリティを高めたりできます。

エッジコンピューティングの利点

- ネットワークによる遅延を低減
- データの通信量を削減
- 暗号化によるセキュリティ強化

Point 1

IoTの普及がエッジ利用を促進

IoTの普及により、エッジコンピューティングの役割はますます重視されています。工場でのリアルタイム制御や、小売店での無人販売の実現、自動運転の実用化などにも利用されます。5Gによるネットワーク接続も普及を後押しします。

Point 2

エッジでAIを活用する動きも

エッジコンピュータは屋外や製造現場などに設置されるため、メーカー各社は、高性能化とともに、小型化や低消費電力化を重視した製品設計を行っています。また、劣悪な環境に設置されることが多いため、堅牢性も重要な要素のひとつです。一方、エッジにAIの学習モデルを搭載することで、その場で処理し、リアルタイム性を高めることも可能です。これをエッジAIと呼んでいます。

エッジAIの事例

- 自動運転車にAIを搭載し、運転の自動化に活用
- 監視カメラにAIを搭載し、監視対象を自動検知
- 産業用ロボットにAIを搭載し、性能強化

Point 3

企業で急増するエッジでのデータ活用

ガートナーは、2025年までに企業データの75%が従来のデータセンターの外や、クラウドの外で生みだされるだろうと予測し、エッジの重要性が高まると見ています。また、IDC Japanでは、国内エッジインフラ市場は、2026年までの年平均成長率が11.2%となり、7293億円の規模になると予測しています。

国内エッジインフラ市場予測

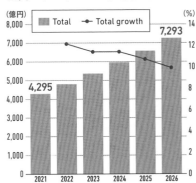

出典：IDC Japanプレスリリース「国内エッジインフラ市場予測を発表」（2023年1月18日）

27

オンプレミス

オンプレミス

重要データを外部に出さず、
高速性やカスタマイズに適した情報システム

マルチクラウド

Point 1

富士通は
汎用機から
撤退を発表

オンプレミスの最高峰
となるのがメインフレー
ムです。富士通は2030
年度にメインフレーム
の販売終息を発表しま
した。

オンプレミス

自社システム / データセンター

Point 2

ハイブリッド
クラウドが広がる

要件に応じて、オンプレミスとクラウドを組み合わせて利用するハイブリッドクラウドが増加しています。

ハイブリットクラウド

クラウド

Point 3

レガシーシステム
のままの
企業は敗者に？

経済産業省のDXレポートでは、レガシーシステムを使用している企業は、デジタル競争の敗者になると指摘しています。

自社システム / データセンター

社内で設置、運用するメリットを生かす

オンプレミスとは、サーバーやストレージ、ソフトウェアなどで構成する情報システムを、社内などに設置し、自ら保有、運用することを指します。業務にあわせて柔軟なカスタマイズが行えたり、ネットワークを通じた外部からの攻撃を防げたりするメリットに加えて、外部に出したくない重要データを社内に蓄積できること、都合がいい時期に定期メンテナンスを実施できるといったメリットもあります。処理速度やトータルコストなどの課題から、一度、クラウドに移行したシステムを戻す「オンプレミス回帰」の動きもあります。

オンプレミスのメリットとデメリット

メリット	デメリット
• 業務に合わせて柔軟にカスタマイズできる • セキュリティの堅牢性が高い • 自社の都合で定期メンテナンスを設定しやすい	• 導入に時間がかかる • 初期コストが高い • トラフィックの変化に柔軟に対応できない

Point 1

富士通は汎用機から撤退を発表

オンプレミスの最高峰となるのがメインフレームです。富士通は2030年度にメインフレームの販売終息と、2035年度の保守終了を発表しています。一方、IBMとNECは継続的にメインフレームを投入する考えを示しています。

Point 2

ハイブリッドクラウドが広がる

オンプレミスのデメリットは、クラウドに比べて、初期導入コストが高いことや導入までに時間がかかること、急増したトラフィックに柔軟に対応できないため、その事態を想定して上限を高めに設定した性能で導入した結果、コストが増加することもあります。ここにきて増加しているのがハイブリッドクラウドの活用です。要件や用途に応じて、オンプレミスとクラウドを組み合わせて利用します。

ハイブリッドクラウドの例

オンプレミス　　クラウド

機密性の
高い情報　　　機密性の
低い情報

Point 3

レガシーシステムのままの企業は敗者に

経済産業省のDXレポートでは、部門ごとに構築されたシステムや過剰なカスタマイズが行われているレガシーシステムを使用している企業は、デジタル競争の敗者になると指摘し、これを「2025年の崖」を呼んでいます。レガシーシステムは、ほとんどがオンプレミスですが、オンプレミスにしかできない処理もあります。

既存システムの ブラック ボックス化	維持管理費が IT予算の9割に	年間最大 12兆円の 経済損失

28

仮想通貨

カソウツウカ

ビットコインに代表されるインターネットで
やりとりができる世界共通の通貨

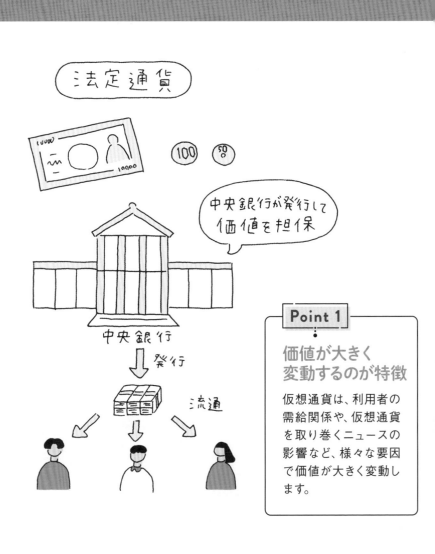

法定通貨

中央銀行が発行して
価値を担保

中央銀行

発行

流通

Point 1

価値が大きく
変動するのが特徴

仮想通貨は、利用者の
需給関係や、仮想通貨
を取り巻くニュースの
影響など、様々な要因
で価値が大きく変動し
ます。

ブロックチェーン技術を活用

仮想通貨のひとつであるビットコインは、ブロックチェーンの技術を活用して、独立性、安全性、プライバシーを実現しています。

コロナ禍で仮想通貨に関わる事件が急増

国民生活センターによると、暗号資産に関する相談は2021年には6350件に達し、前年から1.9倍も増えています。

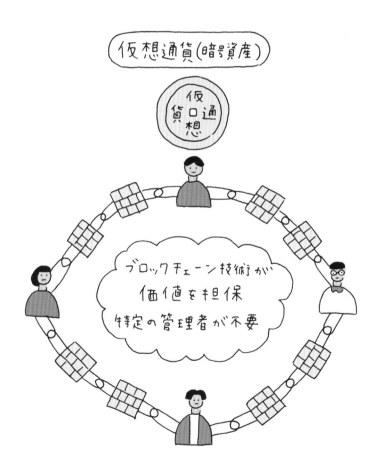

仮想通貨（暗号資産）

仮想通貨

ブロックチェーン技術が価値を担保 特定の管理者が不要

国や中央銀行が介入せずに流通する通貨

仮想通貨は、2020年5月に改正された資金決済法により、法令上は「暗号資産」と呼ばれ、インターネットでやりとりができる財産的価値のことを指します。代表的なものにビットコインやイーサリアムなどがあります。円やドルなどは、国家やその国の中央銀行によって発行され、法定通貨と呼ばれますが、仮想通貨は、銀行などの第三者が介入せずに財産的価値をやりとりするもので、交換所や取引所と呼ばれる事業者から入手したり、換金したりできます。これらの事業者は、日本では金融庁や財務局の登録を受けており、法定通貨との交換も可能です。

改正資金決済法における仮想通貨（暗号資産）の定義

❶ 不特定多数の者に対して、代金の支払い等に使用でき、かつ、法定通貨と相互に交換できる
❷ 電子的に記録され、移転できる
❸ 法定通貨又は法定通貨建ての資産（プリペイドカード等）ではない

Point 1

価値が大きく変動するのが特徴

仮想通貨は、裏付け資産がないことなどから、利用者の需給関係や、仮想通貨を取り巻くニュースの影響など、様々な要因で価値が大きく変動する傾向があります。ビットコインは2021年11月に約770万円の最高値を付けました。

電子マネーと
仮想通貨（暗号資産）の比較

	電子マネー	仮想通貨 （暗号資産）
具体例	交通系電子マネー 小売系電子マネー	ビットコイン イーサリアム
管理主体	企業	なし
価格の変動	一定	大きく変動
個人間送金	不可	可

ブロックチェーン技術を活用

仮想通貨のひとつであるビットコインは、Satoshi Nakamotoと名乗る実在が未確認の人物が、2008年に発表した論文をもとに作られています。ネットワークで送受信が可能な「独立性」、複製や偽造ができない「安全性」、使用者や使用履歴が特定されない「プライバシー」を担保するネットワーク技術をベースにして運用が行われています。それを実現しているのがブロックチェーンの技術です。

コロナ禍で仮想通貨に関わる事件が急増

ビットコインは、コンピュータを使った「採掘」という方法で通貨を発生します。一方、金融庁は、暗号資産に関する詐欺などの事例が数多く報告されているとして、注意を呼び掛けています。国民生活センターによると、暗号資産に関する相談は2021年には6350件に達し、前年の1.9倍に増えています。

暗号資産に関する相談件数

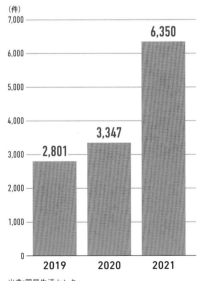

出典:国民生活センター

29

機械学習

キカイガクシュウ

大量のデータから自動的に学習し、
判断や予測を行うAIを実用化した技術

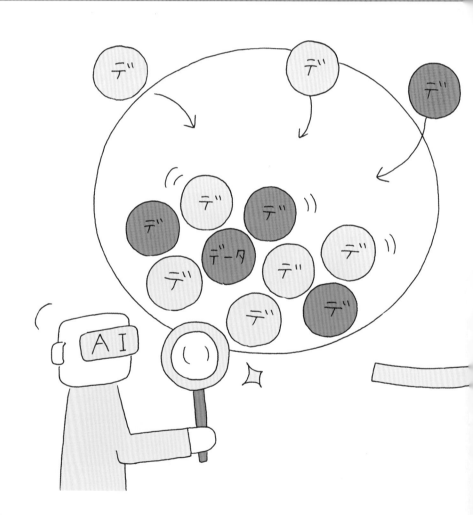

Point 1

機械学習はAIを
実現する技術

機械学習はAIを実現するための
技術のひとつです。深層学習は
ニューラネルットワークを利用し
た機械学習の一種です。

Point 2

3種類の学習方法で
判断を進化

機械学習には、「教師あり学習」、
「教師なし学習」、「強化学習」の
3種類の学習方法があり、用途
にあわせて用いられます。

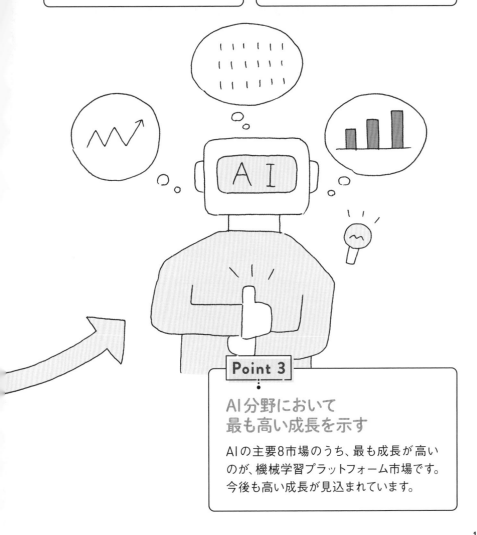

Point 3

AI分野において
最も高い成長を示す

AIの主要8市場のうち、最も成長が高い
のが、機械学習プラットフォーム市場です。
今後も高い成長が見込まれています。

AIの本格的な実用化を促進した機械学習

機械学習は、英語ではMachine Learningとなり、MLと略されることもあります。収集した大量のデータをもとに、自動的に学習を繰り返すことで、データの背景にあるルールやパターンを導き出して、判断や予測を行う技術を指します。2000年以前のAIは、必要な情報を自ら収集して学習することができなかったため、AIが理解できるように内容を記述する必要があり、利用範囲や効果は限定されていました。しかし、AI自身が自動的に知識を獲得する機械学習が実用化されたことで、AIが本格的に普及する時代を迎えました。

AI技術の進歩の歴史

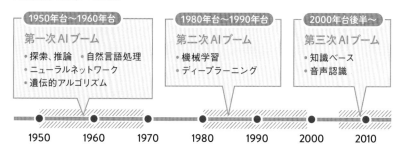

1950年台～1960年台	1980年台～1990年台	2000年台後半～
第一次AIブーム	第二次AIブーム	第三次AIブーム
・探索、推論　・自然言語処理 ・ニューラルネットワーク ・遺伝的アルゴリズム	・機械学習 ・ディープラーニング	・知識ベース ・音声認識

1950　1960　1970　1980　1990　2000　2010

Point 1

機械学習はAIを実現する技術

機械学習は、AI（人工知能）を実現するための技術のひとつです。一方、ディープラーニング（深層学習）は、多数の層からなるニューラルネットワークを用いて行う機械学習の一種のことを指します。

機械学習の位置付け

人工知能

機械学習

深層学習

Point 2

3種類の学習方法で判断を進化

機械学習では、ネコとイヌの写真を学習させて判断できるようにするなど、学習データに正解ラベルを付与して正解を学習させる「教師あり学習」のほか、正解ラベルが付与していないため、構造や規則性などをもとに特徴量を見つけ出して判断する「教師なし学習」、自ら試行錯誤しながら学習し、精度を高めていくことができる「強化学習」の3種類の学習方法があります。

機械学習の3手法

種類	概要
教師あり学習	学習データに正解ラベルを付与して正解を学習させる
教師なし学習	ラベルを付与せず、構造や規則性をもとに特徴量を見つけ出す
強化学習	自ら試行錯誤しながら評価を最大化するよう行動を選択し学習する

Point 3

AI分野において最も高い成長を示す

アイ・ティ・アールによると、2020年度のAI主要8市場の売上金額は前年比19.9％増の513億3000万円となりました。そのうち、最も成長が高いのが、機械学習プラットフォーム市場で、前年比44.0％増となっています。参入ベンダーの増加や低価格化により、今後も成長が見込まれています。

30 キャッシュレス

キャッシュレス

> データを活用して生産性向上やサービス
> 創出につなげる古くて新しい決済手段

Point 1

**約6兆円の
経済効果を生む**

一般社団法人キャッシュレス推進協議会では、キャッシュレスによる経済効果は約6兆円に達すると試算しています。

電子マネー

ECサイト

Point 2

消費者、事業者
双方にメリット

消費者は現金を持ち歩かずに買い物ができ、事業者はレジ締めの時間短縮やデータ活用ができるメリットがあります。

QRコード決済

クレジットカード

Point 3

利便性の裏で
増加傾向にある
不正利用

キャッシュレスは、利便性の高さから広がりをみせていますが、その一方で不正利用の報告も増加しています。

ピピ

自動改札し

3分の1にまで高まるキャッシュレス利用

キャッシュレスは、クレジットカードや電子マネー、デビットカードのほか、スマホやインターネットを使った支払いなどが含まれます。経済産業省によると、国内における2021年のキャッシュレス決済比率は32.5%になりました。内訳は、クレジットカードが27.7%、電子マネーが2.0%、コード決済が1.8%、デビットカードが0.9%でした。政府では、2025年6月までにキャッシュレス決済比率を4割程度とする目標を掲げ、将来的には世界最高水準となる80%まで上昇させることを目指しています。国全体の生産性の向上や業務効率の改善が期待されます。

キャッシュレス支払額及び決済比率の推移

出典:経済産業省

Point 1

約6兆円の経済効果を生む

キャッシュレスにより約6兆円の経済効果が生まれるとの試算があります。また、総務省のマイナポイント事業には、100以上の決済事業者が登録されており、官民でのキャッシュレス決済基盤を構築する狙いもあります。

消費者、事業者双方にメリット

キャッシュレスによって、消費者は、消費履歴のデータ化により、家計管理が簡易化でき、大量に現金を持ち歩かずに買い物ができるメリットがあります。また、事業者には、レジ締めや現金取り扱いの時間の短縮、外国人観光客の需要の取り込みのほか、データ化された購買情報を活用した高度なマーケティングの実現、新たなサービスの創出などのメリットがあると期待されています。

キャッシュレスのメリット

消費者	事業者
● 現金を用意する手間を減らせる ● 消費履歴をデータ化し、家計管理に活用できる	● レジ締めなどの業務を削減できる ● 外国人観光客の需要を取り込める ● 購買情報をマーケティングに活用できる

Point 3

利便性の裏で増加傾向にある不正利用

キャッシュレスは、利便性の高さから広がりをみせていますが、不正利用の報告も増加しています。「情報セキュリティ10大脅威」の上位に、クレジットカード情報やスマホ決済の不正利用があがっています。

ログイン
情報の詐取

不正利用　　　架空請求

31 クラウド

クラウド

雲の向こうからやってくる
インターネットを介したITサービス

Point 1

初期投資不要で
コストを最適化

初期投資が不要なため、スタートアップ企業でも最新ITを、最適なコストで活用でき、すぐにビジネスを開始できます。

エリック
シュミット

クラウド（Cloud）

ソフトウェア
ミドルウェア

サービス

ITインフラ

クラウドはIT導入の敷居を下げる

クラウドは、インターネットなどのネットワークを活用し、サービスとしてソフトウェアやハードウェアを提供します。語源は「雲（Cloud）」であり、インターネットを雲と見立て、雲の向こう側からサービスが提供される様子を表現したとされています。この「クラウド」という言葉は、2006年に、米グーグルのエリック・シュミットCEO（当時）が使ったのが最初だといわれています。クラウドサービス事業者が提供し、広く、多くの人が利用できるパブリッククラウド、企業や組織が自社内にクラウド環境を構築するプライベートクラウドがあります。

パブリッククラウドとプライベートクラウド

パブリッククラウド	プライベートクラウド
広くあまねく 多くの企業が利用できる クラウドサービス	特定の企業や組織が 構築して利用する クラウドサービス

Point 1

初期投資不要でコストを最適化

クラウドの特徴は、必要なITリソースを、必要な時に、必要な分だけ利用し、費用も利用した分だけを支払えばいい点にあります。IT設備への大規模な初期投資が不要で、ビジネスをすぐに開始でき、コストの最適化も可能になります。

Point 2

IaaS、PaaS、SaaSに分類

クラウドは、サーバーやストレージを提供するIaaS（＝Infrastructure as a Service）や、アプリケーションを動作するプラットフォームを提供するPaaS（＝Platform as a Service）、アプリケーションをサービスとして提供するSaaS（＝Software as a Service）に分類されます。アマゾンウェブサービス（AWS）や、Microsoft Azure、IBM Cloud、Google Cloud、Salesforceなどがサービスを提供。世界のパブリッククラウド市場は上位5社で48.1%を占めます。

世界のパブリッククラウドサービスの市場シェア

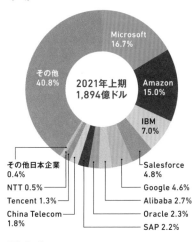

出典:Omdia

Point 3

マルチ／ハブリッドクラウドが主流に

現在、75%の企業が2つ以上のクラウドを利用しており、40%以上の企業が3つ以上のクラウドを利用しています。これをマルチクラウド、あるいはハイブリッドクラウドと呼び、すでに主流となっています。MM総研では、2026年度の国内クラウド市場が7兆4849億円になると予測しています。

国内クラウドサービス市場規模推移

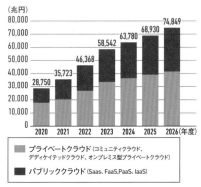

出典:MM総研プレスリリース「国内クラウドサービスの市場規模は3.5兆円に拡大」（2022年8月24日）

32

コンテナ

コンテナ

ひとつの OS 上に独立した複数の空間を設け、
異なるアプリケーションを稼働

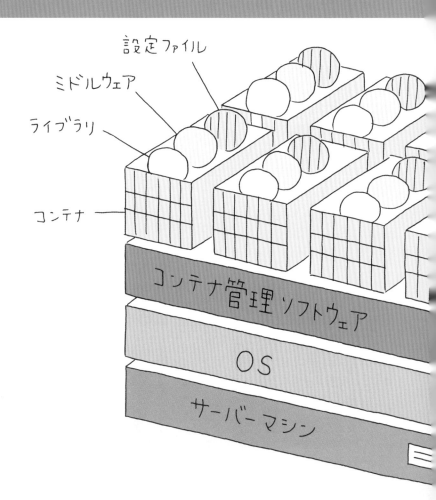

設定ファイル

ミドルウェア

ライブラリ

コンテナ

コンテナ管理ソフトウェア

OS

サーバーマシン

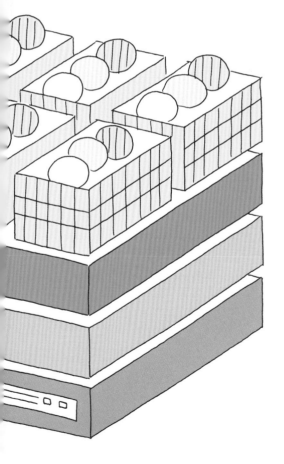

Point 1

レガシーシステムをモダン化

オンプレミスやパブリッククラウド、プライベートクラウドでも実行でき、レガシーシステムのモダン化にも貢献します。

Point 2

コンテナ 管理ソフトで 課題を解決

Dockerの登場でコンテナの設定、保存が楽になり、Kubernetesによって、コンテナの運用管理や自動化が促進されました。

Point 3

国内では コンテナの 本格的普及期に 突入

コンテナを本番環境で使用している企業や、検証段階にある企業は合計で40.2％となり、本格的な普及期に入りました。

アプリの実行に必要なソフトを格納

ひとつのOS上に、複数の独立した空間を仮想的に設け、そのなかで、アプリケーションを実行させる仕組みがコンテナです。コンテナのなかには、アプリケーションの実行に必要な設定ファイルやライブラリ、ミドルウェア、ランタイムプログラムなどが格納され、コンテナごとに独立して実行し、管理されます。異なる業務アプリケーションを稼働させることができ、リソースの有効活用が可能であり、さらに、同一のコンテナイメージを開発者に配布すれば、標準化とともに開発期間が短縮でき、柔軟で迅速なアプリケーション開発が可能になります。

コンテナのメリット

- 異なる業務アプリケーションを稼働し、リソースを有効活用できる
- 標準化
- アプリケーション開発期間の短縮

Point 1

レガシーシステムをモダン化

コンテナは、オンプレミスやパブリッククラウド、プライベートクラウドでも実行でき、レガシーシステムのモダン化にも貢献します。仮想マシンは複数のOSを利用しますが、コンテナはひとつのOSで運用します。

従来の仮想マシン
アプリ
ミドルウェア
ゲストOS
仮想マシン
仮想化ソフトウェア
ホストOS
物理サーバー

コンテナによる仮想化
コンテナ（アプリ、ミドルウェア）
コンテナ管理ソフトウェア
ホストOS
物理サーバー

階層が少ない

コンテナ管理ソフトで課題を解決

コンテナにはメリットがある一方で、専門知識を持ったエンジニアが、手作業で内部の環境設定を行っていたため、時間や手間がかかるという課題がありました。これを解決するために登場したのがコンテナ管理ソフトウェアで、代表的なものとしてDocker_{ドッカー}があります。また、コンテナの運用管理と自動化のために設計されたKubernetes_{クーバネティス}は、Googleが社内で利用していたものをオープンソース化したものです。

国内ではコンテナの本格的普及期に突入

IDC Japanによると、2021年にコンテナを本番環境で使用している企業は16.9%、導入構築／テスト／検証段階にある企業は23.3%となり、合計で40.2%となりました。国内はコンテナの本格的な普及期に入ったと見ています。サービス業や金融、製造など、幅広い業種での導入が進んでいます。

コンテナの導入状況に関する調査結果

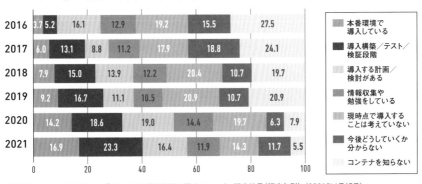

出典:IDC Japanプレスリリース「コンテナの導入状況に関するユーザー調査結果（調査年別）」（2021年4月15日）

33

コンバージョン

コンバージョン

ウェブサイトを訪れる人の行動をもとに
目的が達成できているかを知る指標

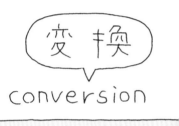

Point 1

サイト内での
行動を正しく把握

サイト内の行動を正しく計測し、コンバージョンを知ることは、サイトの目的や役割の達成度を確認することにつながります。

資料請求数UP

Point 2

サイトの方向性を確認する指針に

コンバージョンの目標を設定することで、サイトの方向性や狙いが明確になります。サイトの改善に取り組みやすくなります。

成 果

Point 3

AIを活用してコンバージョンを高める

購入確率が高い人に追加情報を提供するなど、AIやデータを活用することで、コンバージョンを高める動きが出ています。

会員登録数UP

ウェブサイトの成果を示すコンバージョン

コンバージョンは、主にウェブマーケティングの領域で使用される言葉で、ウェブサイトを訪れた人の数や、ECサイトでの会員登録、商品購入数、資料請求数などの成果を指します。英語では転換や変換などの意味があり、成果に転換できたことを示す指標ともいえます。「CV」と略されることもあります。目標としている成果をコンバージョン率(コンバージョンレート=CVR)として推し量ることが大切であり、同時に最適な評価基準を設定する必要があります。コンバージョンは、ウェブサイトがどれだけの成果を上げているのかを示す指標となります。

コンバージョンの主な指標

指標	意味
コンバージョン数	コンバージョンの実数
コンバージョン率 (CVR)	Webサイトへのアクセスのうち、 コンバージョンに至った割合
顧客獲得単価 (CPA)	1コンバージョンを獲得するためにかかった費用

Point 1

サイト内での行動を正しく把握

多くの人たちが、検索やSNSなどの様々なルートから、様々な目的でウェブサイトを訪れています。サイト内での行動を正しく計測し、コンバージョンを知ることは、サイトの目的が達成されていることを確認する手段になります。

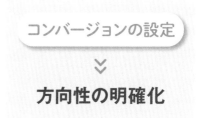

コンバージョンの設定

方向性の明確化

Point 2

サイトの方向性を確認する指針に

コンバージョンの目標を設定することで、サイトの方向性や狙いが明確になります。会員登録数を重視するのか、サイト内の訪問時間にこだわるのか、購入数が大切なのかが決まると、サイトの改善や進化の方針が設定しやすくなります。ECサイトの場合でも、低価格の商品を扱う場合には購入数が重視されますが、高額の商品を扱うサイトの場合には問い合わせ数などがコンバージョンとして重視されます。

Point 3

AIを活用してコンバージョンを高める

AIを活用することで、コンバージョン率を高める動きが始まっています。データをもとに、購入する確率が高い人に追加情報を提供したり、離脱が想定される訪問者に対しては、コンバージョンにつなげる提案を行ったりといったように、テクノロジーを活用した支援が行われています。

コンバージョンの主な指標

34

シャドーIT

シャドーアイティー

利便性やコスト削減の効果はあるものの
情報セキュリティリスクが高まる

企業の導入／運用ルールに従って
デバイスやツールを選定

情報システム部門
主導で導入

セキュリティポリシー内

Point 1

野良クラウドも
広がりをみせる

管理されていないクラウドを「野良クラウド」と呼びます。BYODは会社が承認するためシャドーITとは異なります。

無線ルーターや
カメラも対象に

個人が所有するPCやスマホの
ほか、勝手に設置した無線LAN
ルーターや監視カメラなどもシャ
ドーITの対象になります。

許可なく利用したことが
ある人が36.8%

企業の許可を得ずに個人の端末
を仕事に利用したことがある人
は36.8%に達しました。シャドー
ITの危険性の理解が進んでいま
せん。

独自に導入したデバイスやツールを使用

現場部門が
勝手に導入

こそこそ

セキュリティポリシータト

情報システム部門の管理外にあるIT

シャドーITとは、全社ITを管理する情報システム部門などが関与せず、現場部門や個人が独自に導入したIT機器やシステム、クラウドサービスなどを指します。初期導入コストを抑え、短期間で導入できるクラウドサービスの広がりや、コロナ禍では、個人で所有するデバイスを業務に使用するケースが増え、シャドーITは増加傾向にあります。情報システム部門が定めたセキュリティポリシーに準拠せずに導入、活用されていることが多いため、適切に管理されず、情報漏洩などのセキュリティリスクを高める要因のひとつになっています。

シャドーITのセキュリティリスク

- 情報漏洩
- マルウェア感染
- 被害を検知しにくい

Point 1

野良クラウドも広がりをみせる

管理されていないクラウドを「野良クラウド」と呼ぶこともあります。一方、個人のデバイスを仕事に利用する仕組みとしてBYODがありますが、これは会社が承認することが前提となっているため、シャドーITとは異なります。

BYOD
承認あり

シャドーIT
承認なし

Point 2

無線ルーターやカメラも対象に

シャドーITとなりうるのは、個人が所有するPCやスマホ、現場部門の担当者が独自に導入したクラウドサービスなどがありますが、部門内に勝手に設置した無線LANルーターやストレージ、監視カメラなども含まれ、適切なパスワード設定などが行われないため、不正アクセスが行われ、接続した端末から情報が漏洩することもあります。こうした被害を防ぐためにシャドーITに対する罰則を設ける企業もあります。

**勝手に導入されたITは
すべてシャドーITに**

- クラウドサービス
- パソコン
- タブレット
- スマホ
- サーバーストレージ
- LANルーター
- セキュリティカメラ
- センサー

Point 3

許可なく利用したことがある人が36.8%

キヤノンマーケティングジャパンの調査では、個人所有の端末を所属する企業の許可を得ずに利用したことがある人は36.8%に達しました。このうち、許可不要としている企業が23.3%もあり、シャドーITの危険性を理解していない企業が多い実態も浮き彫りになっています。

**過去1年の間に、
個人所有の端末を業務に使用する際、
勤務先からの許可を得たか?**

許可あり	55.6%
許可なし	13.5%
許可不要	23.3%
わからない／答えられない	7.6%

出典:キヤノンマーケティングジャパン株式会社プレスリリース「情報セキュリティ意識に関する実態調査レポート2021を公開」(2021年7月8日)

35

情報銀行

ジョウホウギンコウ

個人情報を適切に管理してもらい、
適切な利用で対価を得ることができる

Point 1

個人情報活用時の課題を解決

巨大IT企業などが 個人の同意なく、個人情報を広告などに利用し、収益をあげている問題を解決することができます。

Point 2

個人情報の使途を個人が決める

個人は気に入った企業にだけ個人情報を提供するため、最適なサービスが受けられ、企業は質の高いデータを活用できます。

情報銀行を利用したい人は3分の1に留まる

情報銀行を利用したい人は33.5%と3分の1に留まっています。個人情報を第三者に預けたくない人が約7割に達しています。

情報を提共しない

守る

顧客からの同意を得ていない企業

個人の同意を得た情報を提供

同意を得た情報をもとに分析し、最適化したサービスを提供

顧客から同意を得た企業

個人にも企業にもメリットをもたらす

情報銀行は、個人からの委任を受けて、個人情報を含むデータを管理するとともに、データを利活用する第三者の事業者などに提供する役割を担います。個人は対価として便益を受け取ることができます。情報銀行をこれまでの銀行業務に置き換えると、個人はお金の代わりにデータを預け、銀行が企業にお金を貸し出すようにデータを提供し、金利の代わりに対価が個人に支払われることになります。個人情報の利用が厳格化されるなかで、個人情報を適切に活用したい企業側と、最適化したサービスを受けたいユーザー側の双方のニーズに応えることができます。

情報銀行がもたらす利点

個人	企業
• 情報の管理を委託できる • 好きな企業にだけ情報を提供できる • 提供した企業から、最適化されたサービスを受けられる	• 個人の同意に基づいて質の高い情報を収集できる • 収集した情報をビジネスに活用できる

Point 1

個人情報活用時の課題を解決

巨大IT企業などが、利用者の性別や年齢、購買履歴などの情報を、個人の同意なく収集、分析して、広告などに利用し、収益をあげていることが問題視されています。個人情報に関する課題を解決できる仕組みとして注目されています。

Point 2

個人情報の使途を個人が決める

情報銀行は、取り扱うデータの種類や提供先の事業者の条件、提供先における利用条件などを、個人に適切に提示しなくてはなりません。それに個人が同意し、契約することで、初めて第三者に情報を提供できるようになります。情報の多くは匿名で提供されます。個人は気に入った企業にだけ個人情報を提供するため、最適なサービスが受けられ、企業は質の高いデータを活用できます。

個人と情報銀行で合意を交わす必要がある

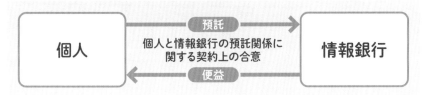

Point 3

情報銀行を利用したい人は3分の1に留まる

財務省によると、情報銀行を利用したい人は33.5%と約3分の1に留まっています。利用したくない人の理由の約7割が個人情報を第三者に預けたくないと回答し、約55%が漏洩した場合が怖いと回答しています。情報銀行を活用するメリットが認知されていないことも課題だとしています。

情報銀行の利用意向

出典:財務省「情報銀行」ビジネスの現状と今後の展望

36 ゼロトラスト
ゼロトラスト

すべてのものを信頼せずに検査を
行うことで大切な情報資産を守る概念

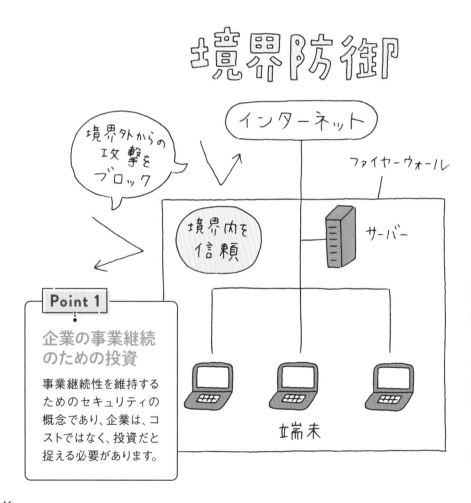

境界防御

インターネット

境界外からの
攻撃を
ブロック

ファイヤーウォール

境界内を
信頼

サーバー

端末

Point 1

企業の事業継続のための投資

事業継続性を維持するためのセキュリティの概念であり、企業は、コストではなく、投資だと捉える必要があります。

多層防御による
対策が重要に

ゼロトラストの実現には多層防御 が 必要 です。EDR や EPP、SASE、SOAR などの最新セキュリティ技術を活用します。

日本の企業での導入は
大幅な遅れ

IPAのDX白書によると、ゼロトラストを導入している日本の企業は9.8％に留まり、米国企業の55.8％と大きな差があります。

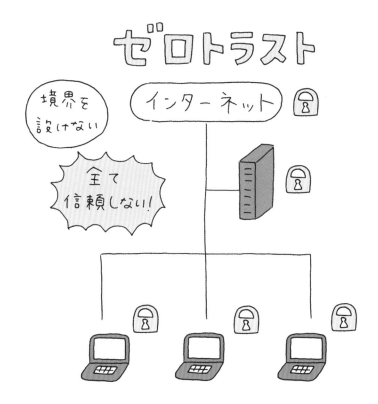

信頼せずに攻撃されることが前提

ゼロトラストとは、守るべき資産を「情報」とし、ユーザーやデバイス、アプリケーション、コンテンツなどのすべてが、どんな場所で利用されていても、信頼せずに、すべてを検査し、安全性を確保することを指します。かつてはファイヤーウォールでの防御に代表されるように社内ネットワークと社外ネットワークで境界を設けて防御する方法が一般的でしたが、クラウドの広がりや、モバイルデバイスを活用した働き方の多様化により、境界防御という考え方では限界が生まれ、攻撃されることを前提とする防御が必要となりました。

ゼロトラストの考え方

- 全てのデータソースとコンピューティングサービスをリソースとみなす
- ネットワークの場所に関係なく、全ての通信を保護する
- 企業リソースへのアクセスをセッション単位で付与する
- リソースへのアクセスは、クライアントアイデンティティ、アプリケーション／サービス、リクエストする資産の状態、その他行動属性や環境属性を含めた動的ポリシーにより決定する
- 全ての資産の整合性とセキュリティ動作を監視し、測定する
- 資産、ネットワークのインフラストラクチャ、通信の現状について可能な限り多くの情報を収集し、セキュリティ体制の改善に利用する

Point 1

企業の事業継続のための投資

ゼロトラストは、企業や組織のインフラ全体から「信頼」の概念を取り除きながら、情報漏洩などの侵害を防ぎ、事業継続性を維持するセキュリティの概念です。もはや企業は、コストではなく、投資だと捉える必要があります。

多層防御による対策が重要に

ゼロトラストの実現には多層防御が必要です。EDR（Endpoint Detection and Response）により、パソコンなどのエンドポイントのマルウェア感染や侵入後の検知、対策を迅速化するほか、EPP（Endpoint Protection Platform）により、脅威の侵入を防いだり、SASE（Secure Access Service Edge＝サッシー）によって、ネットワークとセキュリティの機能をクラウド上に統合したりすることが求められています。

Point 3

日本の企業での導入は大幅な遅れ

REPORT OCEANによると世界のゼロトラストセキュリティ市場は、2027年までに、年平均成長率は17.4%となり、602億5000万ドルに達すると予測されています。IPAのDX白書では、ゼロトラストを導入している日本の企業は12.2%に留まり、米国企業の57.4%と大きな差があります。

ゼロトラストの導入状況に関する日米比較

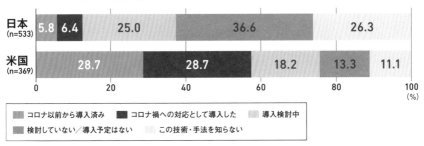

出典：IPA「DX白書2021」

37 チャットボット

チャットボット

24時間365日いつでも問い合わせに
リアルタイムで自動応答してくれる機能

Point 1

社内外の問い合わせを自動化

社内外の問い合わせ業務などを自動化できます。技術進化に伴い、音声で対応するボイスボットも増加しています。

広がる
チャットボットの利用

飲食店での予約やサポートセンターへの問い合わせ対応のほか、著名タレントの代わりに会話をするサービスもあります。

セルフサービスの
需要増加が下支えに

コロナ禍で増えたセルフサービスに対する需要の増加も、チャットボットの市場拡大にプラスの影響を及ぼしています。

チャットとロボットを組み合わせた言葉

チャットボットは、PCやスマホを利用して会話する「チャット」と、ロボットの意味を持つ「ボット」を組み合わせた言葉で、会話をしたり、質問に答えてくれたりします。機械学習などにより、チャットに書き込んだ文章をAIが分析して、それに最適な回答をしてくれるものや、用意された項目を選択していくことで、回答を得られるシナリオ型もあります。電話やメールなどでの問い合わせでは、受付時間が限定される場合がほとんどですが、チャットボットは24時間365日の対応が可能になり、サービス品質を向上させることができます。

チャットボットの主な種類

シナリオ型	AI型
• 事前に想定問答集を用意して回答 • 複雑な質問には回答しにくいが、導入しやすい	• 教本データやユーザーから集めたデータを解析して最適な回答を判断 • 複雑な質問にも対応可能だが、大量の教本データが必要

Point 1

社内外の問い合わせを自動化

チャットボットは社内外の問い合わせ業務を自動化できます。問い合わせ内容や状況をログとして収集し、マーケティングに活用できる効果もあります。技術進化に伴い、音声で対応するボイスボットも増加しています。

広がるチャットボットの利用

チャットボットは、様々なシーンで利用されています。企業の総務部門や自治体の窓口などのように手続きに関する問い合わせなどが多い部署、飲食店や各種施設での予約受け付け、EC サイトでの購入支援、サポートセンターへの問い合わせといった顧客接点においても活用されています。また、著名タレントやキャラクターの設定で日常会話をしてくれるチャットボットもあります。

チャットボットの利点

- 24時間365日の対応が可能となり、ユーザーの利便性が向上
- 企業はサポート対応にかかる人件費を削減できる
- データが収集しやすくなり、マーケティングに活用できる

セルフサービスの需要増加が下支えに

SDKI Inc.によると、世界のチャットボット市場は、2022年には43億7000万ドルの規模でしたが、2030年までの年平均成長率は29.5%となり、266億9000万ドルに達すると予測しています。技術の進歩やセルフサービスに対する需要の増加、運用コストの低下などが背景にあります。

チャットボットの市場予測

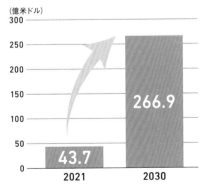

（億米ドル）

出典:SDKI

153

デザイン思考

デザインシコウ

デザイナーが持つ発想で人間中心の
イノベーションにアプローチする手法

Point 1

人への共感を
軸にしたプロセス

デザイン思考は、人間中心のイノベーションへのアプローチと位置づけられています。ユーザーへの共感を軸に進めます。

商品化

テスト

試作

創造

Point 2

デザイン思考を
学ぶ場が増える

2005年に、スタンフォード大学内に、デザイン思考を学ぶ d.school が開校しました。日本でも同様の教育が始まっています。

Point 3

デザイン思考の
活用に日米で
大きな差

デザイン思考を活用している日本の企業は14.7％に留まりますが、米国では53.2％と半数以上の企業が採用しています。

デザイナー視点で隠れたニーズを発掘

デザイン思考とは、デザイナーが持つ発想やプロセスなどの手法、あるいは考え方の基礎となるフレームワークを取り入れることで、モノづくりや経営のプロセスに反映し、企業や顧客が持つ課題解決などを図るものです。デザイナー自身も、単に製品デザインに関わるだけでなく、プロジェクト発足時から、デザイナーの視点で、モノづくりや新事業の創出、経営戦略の立案などにも関わります。ユーザーが把握していない真のニーズを見つけ出すためにトライ＆エラーを繰り返し、素早く形にすることがデザイン思考のポイントになります。

デザイン思考のメリット

- デザイナーの考え方を課題解決に活かす
- トライ＆エラーを繰り返し、素早く形にする

Point 1

人への共感を軸にしたプロセス

デザイン思考は、人間中心のイノベーションへのアプローチと位置づけられています。行動観察を行い、その背景や理由などをもとにしたユーザーへの共感を軸に、問題定義、創造、試作、テストを繰り返し、提案につなげます。

デザイン思考のステップ

共感		問題定義		創造
顧客の思いに寄り添う	>>	顧客視点で問題を設定	>>	問題の解決案を検討

	試作		テスト
>>	案を検証する試作品を作る	>>	試作品で案を検証する

Point 2

デザイン思考を学ぶ場が増える

米国では2004年頃から、デザイン思考という言葉が使われ始め、2005年には、スタンフォード大学内に、デザイン思考を学習する d.school が誕生しました。2018年にはシリコンバレーのオラクル本社内に公立高校の Design Tech School が開校し、デザイン思考とプロジェクト指向のチームワークによる実習を行っています。日本でも東京大学や慶應義塾大学、千葉工業大学、多摩美術大学などで教育が始まっています。

Point 3

デザイン思考の活用に日米で大きな差

IPAのDX白書2021によると、日本において、デザイン思考を活用している企業は14.7%に留まります。しかし、米国では53.2%と半数を超え、検討中の企業を含めると約8割に達します。経済産業省DXレポートでは、今後、ユーザー起点のデザイン思考を活用したUXの設計が重要視されるとしています。

デザイン思考の活用状況の日米比較

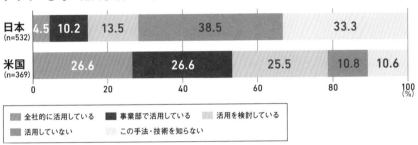

出典:IPA「DX白書2021」

> 1人1台の端末整備が完了した教育現場に
> 導入される学びの幅を広げるツール

Point 1

**教科書の
デジタル化の
準備進む**

教科書のデジタル化は着実に進んでいます。当面は紙の教科書との併用が想定され、関連するデジタル教材も利用されます。

Point 2

デジタルの特性を生かした学習

音読機能により、英語のネイティブスピーカーの音声を何度も聞いたり、動画やアニメによる補足機能も利用できます。

Point 3

2024年度から
英語での
先行導入を計画

2024年度から、小学校
5年生〜中学校3年生の
「英語」で先行導入し、
その後、「算数・数学」
で導入する予定です。

個別学習に最適化したデジタル教科書

政府は、2020年度からGIGAスクール構想を推進し、生徒に1人1台環境の端末整備を行いました。小中学校ではほぼ整備が完了し、公立高校でも2024年度までに全学年で1人1台環境が整備される予定です。その環境を活かすために、次に注目を集めているのがデジタル教科書の導入です。個別学習にも最適化されており、自分のペースで分からないところを学習するといった使い方も可能です。導入においては、教員のデジタルスキルの向上や、校内のネットワーク環境の強化などの課題がありますが、学びの幅を広げるツールとして期待されています。

義務教育段階における1人1台端末の整備状況（2021年度末見込み）

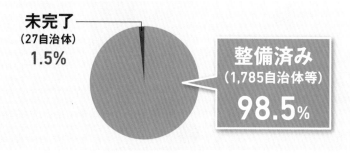

未完了
（27自治体）
1.5%

整備済み
（1,785自治体等）
98.5%

出典：文部科学省

教科書のデジタル化の準備進む

2022年度のデジタル教科書の発行状況をみると、紙の教科書に対して、小学校で93%、中学校で95%が用意されており、準備は着実に進んでいます。当面は紙の教科書との併用が想定され、関連するデジタル教材も利用されます。

Point 2

デジタルの特性を生かした学習

デジタル教科書は、デジタルの特性を生かして、教科書の内容を拡大して表示でき、ペンやマーカーで簡単に書き込みができます。また、朗読や音読の機能により、英語の授業ではネイティブスピーカーの音声を繰り返し聞くことができ、動画やアニメーションによる補足機能も利用できます。教科書の背景や文字の色を変更するなど、特別な配慮が必要な生徒も使いやすくなっています。

デジタル教科書の機能

拡大	教科書を拡大表示できる
書き込み	ペンやマーカーで書き込みできる
保存	書き込んだ内容を保存できる
機械音声読み上げ	文章を機械音声で読み上げられる
背景・文字色の変更・反転	背景色・文字色を変更できる
ルビ	漢字にルビを振ることができる

Point 3

2024年度から英語での先行導入を計画

デジタル教科書は、一部の学校では導入が始まっていますが、これらの学校でも週60分以上使用した教員はわずか17.7%に留まっています。2024年度から、小学校5年生～中学校3年生の「英語」で先行導入し、その後、「算数・数学」で導入する方向性が示されています。

一週間のうち、授業でデジタル教科書をどのくらい使用したか

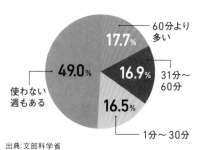

- 60分より多い 17.7%
- 31分～60分 16.9%
- 1分～30分 16.5%
- 使わない週もある 49.0%

出典：文部科学省

40

デジタル人材

デジタルジンザイ

日本のDXの遅れを解決する鍵は
デジタル人材の確保にあるのか?

Point 1

過半数の企業で
人材不足が課題

DXを進める際の課題に「人材不足」をあげた企業は過半数を占めました。欧米に比べても圧倒的に高い比率となっています。

Point 2

様々な職種があるデジタル人材

デジタル人材にはデータサイエンティスト
やビジネスデザイナー、先端技術エンジニ
アなど、様々な職種があります。

先端技術
エンジニア

プロダクト
マネージャー

Point 3

新卒に
1000万円以上を
提示する企業も

企業では、デジタル人
材の採用のために高額
の報酬を用意し、新卒
に対して1000万円以
上を提示するケースも
あります。

2030年に約79万人のデジタル人材が不足

経済産業省は、2030年には最大で78万7000人のデジタル人材が不足すると推定しています。また、IPAのDX白書によると、デジタル人材に過不足がないとの回答は、米国企業では「量」で43.6%、「質」では47.2%であるのに対して、日本企業は「量」が15.6%、「質」が14.8%と強い不足感があります。デジタル人材は、企業のDX推進に欠かせませんが、デジタル人材が不足していては、DXは遅れるばかりです。経済産業省では、DXの遅れにより2025年には最大で年間12兆円の経済損失が発生すると予想しています。日本のデジタル人材の育成は待ったなしの状況です。

事業戦略上、変革を担う人材の「量」の確保

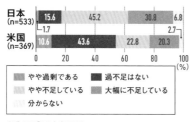

事業戦略上、変革を担う人材の「質」の確保

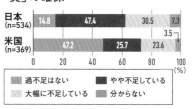

出典：IPA「DX白書2021」

Point 1

過半数の企業で人材不足が課題

総務省の調査によると、DXを進める際の課題として、最も多かったのが「人材不足」で53.1%と過半数を占めました。米国の27.2%、ドイツの31.7%と比較しても圧倒的に多い結果であり、デジタル人材の育成は日本の企業にとって喫緊の課題です。

デジタル化を進める上での課題や障壁（日本企業）

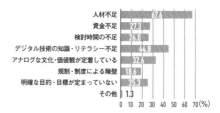

出典：総務省「国内外における最新の情報通信技術の研究開発及びデジタル活用の動向に関する調査研究」(2022年)

Point 2

様々な職種があるデジタル人材

デジタル人材は、事業や業務に精通したデータ解析および分析を行うデータサイエンティスト、デジタル事業の実現を主導するプロダクトマネージャー、デジタル事業の企画や立案、推進などを担うビジネスデザイナー、AIやブロックチェーンなどの先進デジタル技術の知識を持つ先端技術エンジニア、デジタル事業に関するシステムの設計から実装ができるテックリードなどの職種があります。

デジタル人材の職種の例

職種	役割
プロダクトマネージャー	デジタル事業を主導するリーダー格の人材
ビジネスデザイナー	デジタル事業の企画・立案を担う人材
テックリード	デジタル事業のシステム設計・実装を担う人材
データサイエンティスト	データ解析・分析を担う人材
先端技術エンジニア	先進的なデジタル技術を担う人材

Point 3

新卒に1000万円以上を提示する企業も

日本の企業では、とくにデータサイエンティストやビジネスデザイナーの不足感があります。企業ではリスキリングによる人材育成のほか、デジタル人材の採用を積極化し、高額の報酬水準を提示する例も出てきました。なかには、新卒に対して年収1000万円以上を提示する企業もあります。

41

デジタルツイン

デジタルツイン

リアルとデジタルの「双子」によって
シミュレーションが可能な世界を実現

Point 1

品質向上やコスト削減に効果

デジタル空間でトライ&エラーを繰り返す
ことで、品質向上やコスト削減、開発期間
の短縮につなげることができます。

Point 2

活発化する
都市計画への利用

東京都では、地震発生時の避難シミュレーションなどを行っています。2030年までにデジタルツインを実現する予定です。

Point 3

2030年には1558億ドルの市場規模に成長

デジタルツインの世界市場規模は、2030年には1558億3940万ドルに達し、アジア太平洋地域での伸びが高いと見られています。

リアルと同じ環境をデジタルに再現

デジタルツインとは、リアルの世界から収集したデータを活用し、デジタル空間のなかにリアル空間と同じものを再現し、その環境を利用して、シミュレーションなどを行うことができるものです。たとえば、製造ラインを構築する際に、デジタル空間で運用をシミュレーションすることで、不具合が発生する箇所を特定し、事前に改良することができるほか、製造機器や航空機の機体のデータを収集し、デジタル空間で再現して稼働させると、故障の前兆がわかったり、正常に稼働していることが分かればメンテナンスの回数を減らしたりできます。

デジタルツインのメリット

故障の前兆を検知　　　データ収集

シミュレーション　　　事前の改良

不具合の特定

品質向上やコスト削減に効果

デジタルツインを活用することで、リアルタイムにデータを収集し、デジタル空間を通じたリアルタイム監視が行えるほか、デジタル空間でトライ&エラーを繰り返すことで、品質向上やコスト削減、開発期間の短縮につなげられます。

Point 2

活発化する都市計画への利用

デジタルツインは 2002年に米ミシガン大学のマイケル・グリーブス氏によって提唱され、リアル空間と双子(ツイン)のようにデジタル空間を構築することから名づけられました。最近では、都市計画に活用する例が増え、東京都では、都市のデジタルツインとして、様々な場所の混雑データから人々の行動変容を促進したり、地震発生時の避難シミュレーションなどの取り組みを行いました。

デジタルツインの歴史

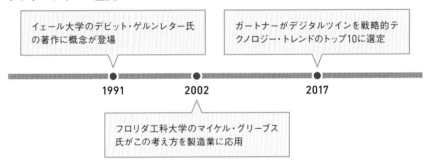

Point 3

2030年には1558億ドルの市場規模に成長

グローバルインフォメーションによると、世界のデジタルツインの市場規模は、2022年から年平均成長率が39.1%で推移し、2030年には1558億3940万ドルに達すると予測しています。なかでも自動車分野における成長が著しいと見られており、アジア太平洋地域での伸びが高いとしています。

デジタルツインの市場予測

出典:株式会社グローバルインフォメーション

誰もがアプリケーションを開発できる「内製化」と「開発の民主化」を実現する

Point 1

自治体の職員が短期間で開発

神戸市の職員は1週間でアプリを開発し、短期間にサービスを開始しました。同様の事例が企業や自治体で増えています。

Point 2

IT部門の
人材不足の
課題を解消

IT部門の人材不足により、現場の開発要求に迅速に応えられないという課題にも、内製化の促進によって解決できます。

Point 3

2023年に開発されるアプリの
60%を占める

2023年には新規開発されるアプリケーションの60%が、ノーコード／ローコードになると予測されています。

コードを書かずにアプリを開発する

ソースコードを一切記述せずにアプリケーションやWebサービスを開発することができる「ノーコード」と、ソースコードの記述量を抑えて開発を行う「ローコード」は、ITの専門知識を持つ人材がいない非IT部門や中小企業での開発を加速するツールとして注目を集めています。現場の業務に詳しい人が直接アプリ開発を行うことができ、業務の課題を解決したり、短期間でサービスを提供できたりするメリットがあります。日本のIT人材不足を解消できるツールとしても関心が高まっており、誰もが開発できる「開発の民主化」が促進されると期待されています。

ノーコード／ローコードの利点

- コーディングの知識がない非IT部門でもアプリ開発ができる
- サービスを短期間で提供できる
- 開発費用を抑えられる

Point 1

自治体の職員が短期間で開発

神戸市では、ノーコード／ローコードにより、コロナ禍での特別定額給付金の申請状況を確認できるサービスを職員が開発。また、新型コロナワクチンの接種券発行アプリを1週間で開発した例があります。こうした事例が増えています。

Point 2

IT部門の人材不足の課題を解消

日本では、IT人材の72.0%がIT企業に在籍しており、ユーザー企業への在籍は28.0%に留まります。米国では65.4%がユーザー企業に在籍しているのとは正反対の構造です。その結果、システム開発を外部のIT企業に任せたり、IT部門の人材不足により、現場の開発要求に迅速に応えられず、DXの遅れへとつながっています。こうした課題解決に内製化を促進するノーコード／ローコードが貢献できます。

IT人材の分布状況

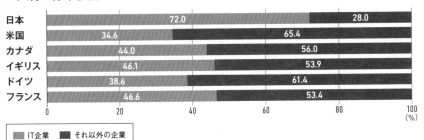

出典：IPA「IT人材白書 2017」

Point 3

2023年に開発されるアプリの60%を占める

IDC Japanの調査によると、ノーコード／ローコードを導入している企業は37.7%に達し、そのうち62.3%は、IT部門以外や専門知識を持たない職種でも開発できるように教育した実績を持ちます。また、2023年には新規開発されるアプリの60%がノーコード／ローコードになると予測しています。

**国内企業での
ノーコード／ローコードの導入状況**

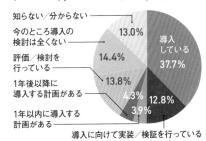

出典：IDC Japanプレスリリース「国内企業におけるローコード／ノーコードプラットフォームの導入状況に関する最新調査結果を発表」(2021円11月11日)

ハイブリッドワーク

ハイブリッドワーク

これからの働き方はオフィス勤務と
テレワークを柔軟に選択できることに

Point 1

新たな働き方を
就職の条件に?

73%が柔軟な働き方を選択して
います。ハイブリッドワークを採
用している企業を就職先の条件
にあげる人も増えています。

働き方に適した環境整備が重要

どこでも働くことができるハイブリッドワークは、言いかえればどこで働いても差がない環境を整備することが前提となります。

オフィス

40%の社員の生産性と仕事の質が向上

日本では約40%の社員が、ハイブリッドワークの採用によって、生産性と仕事の質が向上したと回答しています。

選択できるのがハイブリッドワーク

オフィスに出社する勤務形態と、コロナ禍で一気に普及したテレワークとを組み合わせた働き方がハイブリッドワークです。職種や仕事の内容、家庭内の仕事環境、ネットワーク環境などにより、オフィスのほうが仕事がはかどる場合もあれば、自宅のほうが生産性が高い場合もあります。実際、マイクロソフトによると、リモートワークによる働き方を希望する従業員は73%に達する一方で67%が対面によるコラボレーションも望んでいます。また、シスコの調査では、新たな働き方によって家族との関係が改善した従業員は51%に達しています。

ハイブリッドワークを取り巻く現状

今後も
リモートワークを
活用した柔軟な
働き方を希望している
従業員の割合 **73**%

個人のモバイル
デバイスを
仕事でも
活用している割合 **70**%

出典:日本マイクロソフト

テレワークの利用状況

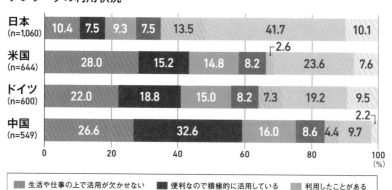

	生活や仕事の上で活用が欠かせない		便利なので積極的に活用している		利用したことがある
	今後利用してみたいと思う		利用したいが困難である		必要としていない	よく分からない

日本 (n=1,060): 10.4 / 7.5 / 9.3 / 7.5 / 13.5 / 41.7 / 10.1
米国 (n=644): 28.0 / 15.2 / 14.8 / 8.2 / 2.6 / 23.6 / 7.6
ドイツ (n=600): 22.0 / 18.8 / 15.0 / 8.2 / 7.3 / 19.2 / 9.5
中国 (n=549): 26.6 / 32.6 / 16.0 / 8.6 / 4.4 / 2.2 / 9.7

出典:総務省「情報通信白書令和4年版」

Point 1

新たな働き方を就職の条件に？

ハイブリッドワークは、従業員が、テレワークにするか、オフィスで勤務するかの選択肢を持ち、柔軟な働き方ができることが基本となります。ハイブリッドワークを採用している企業を就職先の条件にあげる人も増えています。

Point 2

働き方に適した環境整備が重要

ハイブリッドワークでは、オフィスとテレワークの環境に差をなくし、セキュリティを確保しながら、どこでも働けるデバイスを持ち、高い生産性を維持する必要があります。また、働く場所で情報格差が生じることも避けなくてはいけません。一方で、オフィスを、社員同士のコラボレーションや顧客との打ち合わせだけに活用する企業もあります。新たな働き方に合わせた環境整備が大切です。

Point 3

40％の社員の生産性と仕事の質が向上

シスコの調査によると、ハイブリッドワークの採用によって、日本では約40％の従業員が、生産性と仕事の質が向上したと回答しています。しかし、所属する組織が、ハイブリッドワークに対する準備ができていると感じている従業員は、わずか11.3％に留まっているのが現状です。

**ハイブリッドワークによる
パフォーマンスの向上**

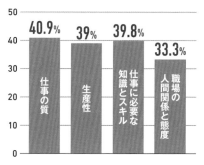

出典：シスコシステムズ

44 ビッグデータ

ビッグデータ

新たな知見を導き出し、新たなビジネス創出、社会課題の解決につながる源泉

Point 1

データには 5つのVが重要

ビッグデータは、量だけが重要ではなく、多様性、速度、正確性、価値を加えた5つのVが重要だと言われています。

Point 2

様々なデータが組み合わさる

ビッグデータは、オープンデータやM2Mデータ、パーソナルデータなどに分類されており、組み合わせた活用が大切です。

Point 3

2025年に年間187ZBのデータが生成

2030年にはネットワークに接続されるデバイスは1250億台になり、2025年には年間187ZBのデータが生成されます。

大量のデータから新たな知見を生み出す

ビッグデータとは、PCやスマホといったデバイスから発信される情報のほか、IoT機器や家電、自動車などに搭載された各種センサーから得られるデータ、企業情報システムや金融システムなどで生成されるデータ、政府や自治体、学術機関などから提供されるオープンデータなど、様々なデータの集合体を指します。これらの大量のデータを蓄積し、分析することで、これまでに見えてこなかった発見を導き出し、新たな知見として、ビジネスの創出や社会課題の解決などに生かすことができます。AIはデータをもとに学習することで進化しますが、ここにもビッグデータが活用されています。

Point 1

データには5つのVが重要

ビッグデータは、量(Volume)だけが重要ではなく、多様性(Variety)、速度(Velocity)、正確性(Veracity)、価値(Value)を加えた5つのVが重要だと言われています。これらの要素がビッグデータには大切です。

ビッグデータの5つのV

V olume	量
V ariety	多様性
V elocity	速度
V eracity	正確性
V alue	価値

様々なデータが組み合わさる

総務省では、ビッグデータを構成する種別として、国や地方公共団体が提供する「オープンデータ」、暗黙知（ノウハウ）をデジタル化、構造化したデータによる「知のデジタル化」、生産現場におけるIoT機器から収集されるような「M2M（Machine to Machine）データ」、個人の属性や行動、購買履歴、ウェアラブル機器から収集した個人情報を含む「パーソナルデータ」に分類しています。

ビッグデータの種別

オープンデータ	公共団体が提供するデータ
知のデジタル化	ノウハウを構造化、デジタル化したデータ
M2Mデータ	生産現場のIoT機器から収集されるデータ
パーソナルデータ	個人の行動や購買履歴、健康状態などのデータ

2025年に年間187ZBのデータが生成

ビッグデータの拡大には、ネットワークに接続されるデバイスの増加が大きく影響しています。IDC Japanによると、2030年にネットワークに接続されるデバイスは1250億台になり、2025年には年間187ZB（ゼタバイト）のデータが生成されることになると予測しています。

オープンデータの種別

単位	バイト換算
B（バイト）	1
KB（キロバイト）	1,000
MB（メガバイト）	1,000,000
GB（ギガバイト）	1,000,000,000
TB（テラバイト）	1,000,000,000,000
PB（ペタバイト）	1,000,000,000,000,000
EB（エクサバイト）	1,000,000,000,000,000,000
ZB（ゼタバイト）	1,000,000,000,000,000,000,000

45 フォレンジック

フォレンジック

PCやスマホの削除データを復元し
法的証拠として活用することで犯罪を解決

Point 1

IoTの浸透で
データ収集が
可能に

IoTの浸透により、様々な場面からデジタルデータが収集できるようになりました。様々なデータが法的証拠となっています。

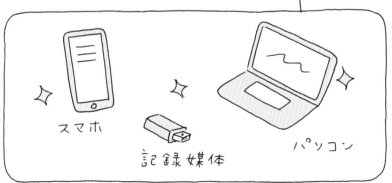

スマホ

記録媒体

パソコン

Point 2

保全、解析、分析、報告で構成

デジタルフォレンジックは、「証拠保全」、「データ解析」、「データ分析」、「報告」の4段階で構成されています。

ドライブレコーダー

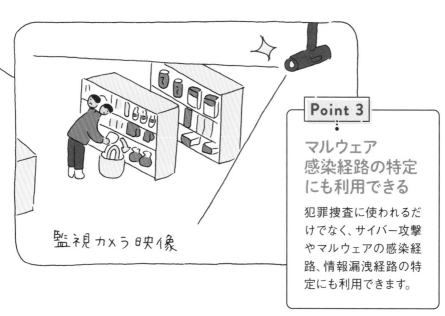

監視カメラ映像

Point 3

マルウェア感染経路の特定にも利用できる

犯罪捜査に使われるだけでなく、サイバー攻撃やマルウェアの感染経路、情報漏洩経路の特定にも利用できます。

犯罪捜査や企業内の不正対策にも活用

フォレンジックとは、法的に有効な証拠のことであり、デジタルデータの法的証拠に関わるものをデジタルフォレンジックと呼んでいます。高度なものでは、PCやスマホ、USBメモリなどの削除データを復元し、事件の証拠調査に使用したりするほか、壊れたドライブレコーダーから事故の原因となる映像を修復したり、監視カメラ映像から不鮮明な映像を解析し、人物やナンバープレートを鮮明化したりといったことも行われています。欧米では、企業内の不正対策やサイバー攻撃対策として、フォレンジックツールを導入するケースが増えています。

（デジタル）フォレンジック

（デジタルデータの）
証拠

フォレンジック調査

証拠の収集、復元

Point 1

IoTの浸透でデータ収集が可能に

IoTの浸透により、様々な場面からデジタルデータが収集できるようになりました。いまや各種のデジタルデータが法的証拠となる時代になったともいえ、あらゆるデバイスからデジタルデータを抽出し、解析することが求められています。

保全、解析、分析、報告で構成

デジタルフォレンジックでは、デジタルデータを格納しているPCや、USBなどの記録媒体を収集し、保全する「証拠保全」、データの作成日時を特定するといった解析や、削除されたデータの復旧などを行う「データ解析」、解析したデータから法的に有効な証拠として利用できるかどうかを見極める「データ分析」、データから得られた情報をレポートにまとめる「報告」の4段階で構成されます。

デジタルフォレンジックの4段階

1. 証拠保全
2. データ解析
3. データ分析
4. 報告

マルウェア感染経路の特定にも利用できる

デジタルフォレンジックは、犯罪捜査などに使われるだけでなく、サーバーやPCのログをもとに、企業に対するサイバー攻撃やマルウェアの感染経路、情報漏洩の経路を特定する場合にも利用されます。最近ではドローンの事故原因の究明にもデータを活用することがあります。

フォレンジックの例

PCフォレンジック	PCのメール、Officeファイル、Web検索履歴
モバイルフォレンジック	スマートフォンの受発信履歴、LINE、Web検索履歴、音声データ、画像、動画
画像フォレンジック	ドライブレコーダー、防犯カメラ、ドローンなどの動画、画像

46

ブロックチェーン

ブロックチェーン

> 仮想通貨やNFT、トレーサビリティなどにも
> 活用される改ざんが不可能な技術

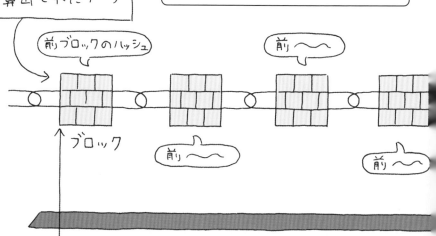

Point 1

インターネット以来の大発明

改ざんされにくいデータ構造を実現しているため、応用分野は広く、「インターネット以来の大発明」とも言われます。

一つ前のブロックの情報から算出されたデータ

前ブロックのハッシュ

前〜

ブロック

前〜

前〜

ネットワーク内で発生した取引の記録を格納

Point 2

ブロックを鎖で結び改ざん防止

データをブロックと呼ばれる単位で管理し、ブロック同士を鎖のようにつなげ、時系列に沿って、データを記録します。

Point 3

相次ぐ導入成果で市場規模は急成長続く

ブロックチェーンによって、透明性の向上、業務効率の強化、コスト削減を実現した事例が増え、市場は急成長を続けます。

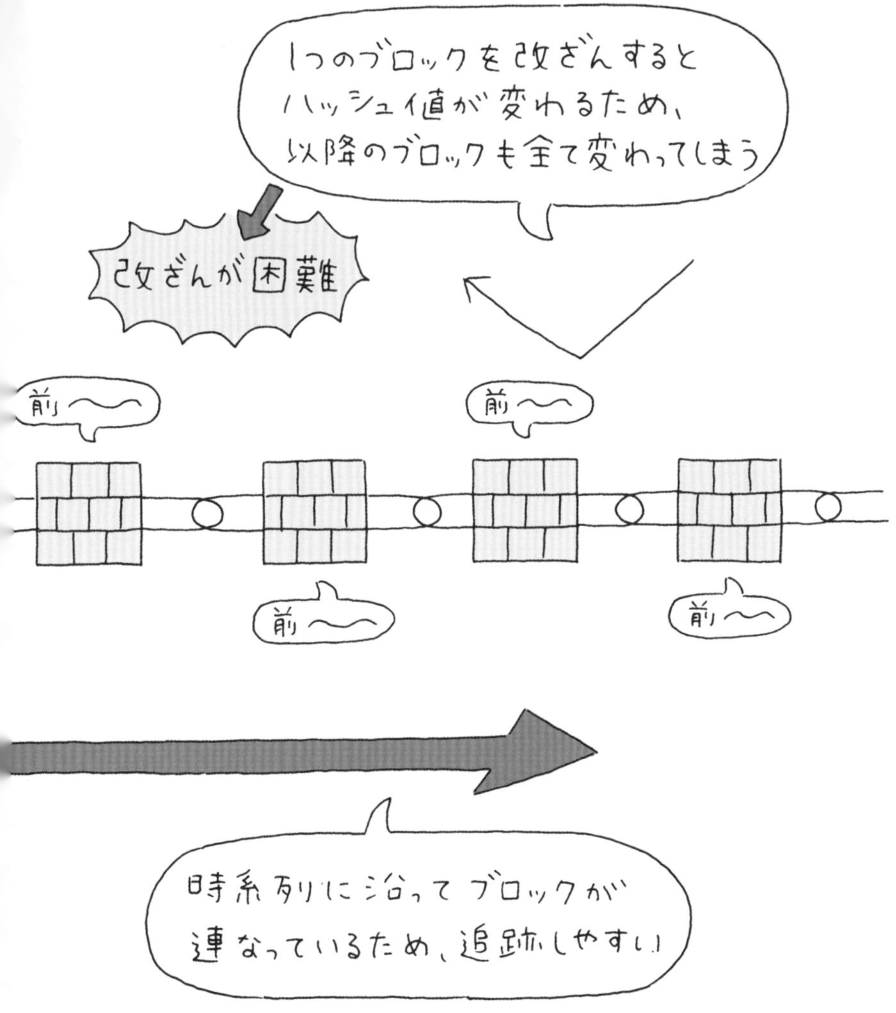

1つのブロックを改ざんするとハッシュ値が変わるため、以降のブロックも全て変わってしまう
改ざんが困難
前
前
前
前
時系列に沿ってブロックが連なっているため、追跡しやすい

分散型でデータ管理を実現する仕組み

ブロックチェーンは、分散型データ管理を実現する仕組みであり、暗号技術を用いて、取引記録などを分散的に処理、記録することができます。分散型台帳ともいわれます。改ざんへの耐性が高く、モノやデータの取引経路を示すトレーサビリティを信頼性の高い記録として保存でき、金融取引や不動産取引、商品のサプライチェーンにも利用されています。また、ビットコインなどの仮想通貨やNFTにも用いられています。特定の管理者やプラットフォームに集中させずに信頼性を担保し、高い可用性、高い完全性、取引の低コスト化にメリットがあります。

ブロックチェーンの利点

高い可用性	分散管理するため、一部に不具合が生じても システムを維持できる
高い完全性	なりすましや改ざんが困難
低コスト	分散管理するため、中央一元管理する場合にかかる 手数料を支払う必要がなくなり、コストが下がる

Point 1

インターネット以来の大発明

改ざんされにくいデータ構造を実現しているため、応用分野は広く、「インターネット以来の大発明」とも言われます。条件を満たすとタスクを自動実行するスマートコントラクトにより、ブロックチェーンの利便性を高めています。

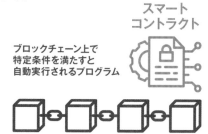

スマート
コントラクト

ブロックチェーン上で
特定条件を満たすと
自動実行されるプログラム

ブロックを鎖で結び改ざん防止

ブロックチェーンは、データをブロックと呼ばれる単位で管理し、ブロック同士をチェーン（鎖）のようにつなげ、時系列に沿って、データを記録し、蓄積します。仮に、過去のブロックの情報を不正に変更すると、ブロックから算出されるハッシュ値（アルゴリズムから生成されるデータ）が異なり、それに続くすべてのブロックのハッシュ値を変更しなければなりません。これは事実上不可能です。

相次ぐ導入成果で市場規模は急成長続く

グローバルインフォメーションによると、全世界のブロックチェーン市場は、2028年までの年平均成長率は72.9％となり、2279億9600万ドルになると予測しています。ブロックチェーンによって、透明性の向上や業務効率の強化、コストの削減を実現した事例が増加していることが理由です。しかし、日本における業務へのブロックチェーンの活用状況は9.7％にとどまり、欧米に比べて低いのが実態です。

業務におけるブロックチェーンの活用状況（日本／米国／ドイツの比較）

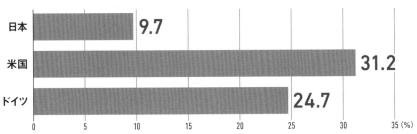

出典：総務省「デジタル・トランスフォーメーションによる経済へのインパクトに関する調査研究」（2021年）より抜粋

47

マルウェア

マルウェア

データやアプリケーションなどの機密性、
完全性、可用性を損なう悪意ある脅威

トロイの木馬

バックドア

Point 1

マルウェア感染は
幅広く発生

マルウェアの被害は、大企業や中小企業、団体を問わず、幅広い業種で発生し、重大な外的脅威となっています。

ランサムウェアが
猛威を振るう

マルウェアのなかでも猛威を振るっているのが、ランサムウェアです。2021年度の国内被害件数は146件に達しています。

IPAへのウイルス届け出
件数は大幅に増加

IPAによると、2021年のウイルス届け出件数は878件となり、2020年の449件から大幅に増加しています。

マルウェアは悪意あるコードなどの総称

マルウェアは、Malicious Software（悪意があるソフトウェア）の略称で、様々な脅威の総称です。データやアプリケーションなどの機密性、完全性、可用性を損ない、被害者を困らせ、混乱させることを目的にしており、気づかれないようにシステムに侵入します。自己複製によって広がるウイルスや、独立した悪意のあるプログラムとして動くワーム、見かけ上は良性のプログラムを装いながら侵入するトロイの木馬、パソコンの情報を外部に送信するスパイウェア、攻撃者がシステムの裏口から侵入するバックドアなどが含まれます。

マルウェアの種類

Point 1

マルウェア感染は幅広く発生

マルウェアは年々進化しています。また、被害にあった企業の規模は問わず、幅広い業種で発生しており、重大な外的脅威となっています。また、マルウェアには含まれないフィッシングメールも大きな脅威となっています。

ランサムウェアが猛威を振るう

マルウェアのなかでも猛威を振るっているのが、ランサムウェアです。ランサムには身代金という意味があり、データを暗号化し、利用できない状態にした上で、データの復号化と引き換えに身代金を要求します。また、身代金を支払わない場合にはデータを公開する二重恐喝も増え、被害額も増加しています。2021年度に、警察庁に報告があったランサムウェアの被害件数は146件に達しています。

ランサムウェアの身代金の被害額

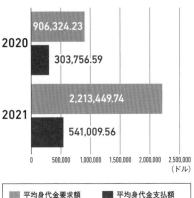

出典:パロアルトネットワークス

IPAへのウイルス届け出件数は大幅に増加

IPAによると、2021年のウイルス届け出件数は878件となり、2020年の449件から大幅に増加しています。ランサムウェアやフィッシングメールが増加しており、IPAでは、攻撃手口や注意点に関する情報を公開し、セキュリティ対策を行うように呼び掛けを行っています。

ウイルス届け出件数が急増している

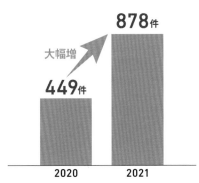

出典:IPA「コンピュータウイルス・不正アクセスの届出状況」

48

メタバース

メタバース

> アバターを活用して遊びも仕事もできる
> 仮想空間が目の前に広がる

Point 1

VR技術で
没入感がある体験も

メタバースは、VRゴーグルを装着することで、より没入感がある体験ができます。VR技術がメタバースを進化させます。

Point 2

ビジネス用途での
活用も始まる

コミュニケーションやエンターテイメントでの利用に加え、アバターでの会議参加や製造現場での利用が始まっています。

余暇

ビジネス

Point 3

2026年に25%の人が
1日1時間以上利用

2026年には25%の人が、仕事や
ショッピング、教育などの用途で、
1日1時間以上をメタバースで過
ごすことになります。

メタバースとは、仮想空間を指す言葉

メタバースは、超越や高次などの意味を持つ「Meta」と、宇宙を指す「Universe」を組み合わせた造語で、デジタル上に作られた仮想空間のことを指します。米国のSF作家であるニール・スティーブンスンが1992年の「スノウ・クラッシュ」で登場させたのが最初だと言われ、2007年に大流行した「セカンドライフ」の再来と位置づけたり、任天堂の人気ゲーム「あつまれ どうぶつの森」をメタバースの一種に含む場合もあります。メタバースに参加した人々は、「アバター」と呼ぶ分身を操作しながら、仮想空間で様々な活動が行えます。

メタバースの歴史

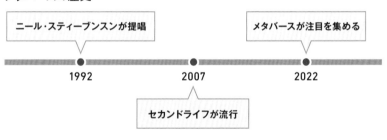

ニール・スティーブンスンが提唱
メタバースが注目を集める
1992　　　　2007　　　　2022
セカンドライフが流行

VR技術で没入感がある体験も

メタバースでは、仮想空間にいる他者と交流できるほか、商品を購入したり、ライブに参加できたりします。また、街全体を仮想空間に再現する例もあります。VRゴーグルを装着することで、没入感がある体験もできます。

主なVRゴーグル

メーカー	商品名
Meta	Meta Quest Pro
SIE	PlayStation VR2
PICO	PICO4

Point 2

ビジネス用途にも活用が広がる

メタバースには、人同士のコミュニケーションをベースにしたものや、NFTや仮想通貨などを活用した経済活動を中心にしたもの、ゲームやライブに参加できるエンターテインメント分野での利用に加えて、アバターを使って会議や商談を行うビジネス用途、デジタルツインを活用した製造現場でのインダストリアルメタバースなど、業務利用での広がりが注目されています。

3つのメタバース

コンシューマーメタバース
消費者の余暇活動におけるメタバース

コマーシャルメタバース
ビジネスにおけるメタバース

インダストリアルメタバース
製造や物流、サプライチェーンにおけるメタバース

Point 3

2026年に25%の人が1日1時間以上利用

矢野経済研究所によると、メタバースの国内市場は2021年度に744億円だったものが、2026年度には1兆円を超えると予測しています。また、ガートナーでは、2026年には25%の人が、仕事やショッピング、教育などの用途で、1日1時間以上をメタバースで過ごすと予測しています。

メタバースの国内市場予測

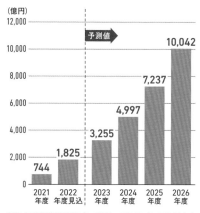

	2021年度	2022年度見込	2023年度	2024年度	2025年度	2026年度
億円	744	1,825	3,255	4,997	7,237	10,042

出典：矢野経済研究所プレスリリース「メタバースの国内市場動向調査を実施（2022年）」（2022年9月21日）

49

ライブコマース

ライブコマース

メーカーやインフルエンサーが
双方向ライブ配信で商品を販売する仕組み

Point 1

双方型の販売手法が
差別化に

リアルタイムで質問ができるため、
「商品の後ろ側を見せてほしい」
といったように視聴者の要望に
も対応します。

専門性を持った
KOLが販売

メーカーや販売会社、インフルエンサーやブロガーのほか、専門性を持ったKOLが商品を販売する例が増えています。

食品や飲料、化粧品
などで販売が拡大

ライブコマースで購入が多い商品は、「食品、飲料」、「衣料、靴」、「化粧品、美容関連製品」などです。

中国で一気に広がった新たな販売方法

ライブコマースは、インターネットによるライブ配信で商品を紹介し、それを見ている視聴者が購入したいと思ったら、画面から直接購入ができる新たな販売スタイルです。中国では、人気があるブロガーや著名なインフルエンサーたちが商品を紹介する販売手法として定着しています。単に商品を紹介するだけでなく、視聴者の書き込みにもリアルタイムで対応するため、説明がわかりにくいところや詳しく知りたい部分を補足してくれます。これにより、購入意欲を高めたり、商品に対する不安を払拭でき、新たな購入体験を実現しています。

ライブコマースの利点

事業者	・商品の魅力を伝えやすい ・顧客との結びつきを強めやすい ・新規顧客を獲得できる
消費者	・臨場感のあるショッピングを楽しめる ・商品の詳しい説明を受けられる ・不安や疑問を解消しやすい

Point 1

双方型の販売手法が差別化に

テレビショッピングやEC サイトは、販売側からの一方的な情報提供になりがちですが、ライブコマースでは、リアルタイムで質問に答えることができるため、「商品の後ろ側を見せてほしい」といったように視聴者の要望にも対応します。

専門性を持ったKOLが販売

メーカーや販売会社のサイトを利用するほか、専用のライブコマースプラットフォームを利用するケースが増えています。中国では、KOL（Key Opinion Leader）と呼ばれる人がライブコマースで活躍しています。もともと医療分野で使われていた言葉ですが、ライブコマースでは専門性を持ったインフルエンサーのことを指します。日本でもコロナ禍をきっかけにライブコマースを行う企業が増加しています。

ライブコマースの商流

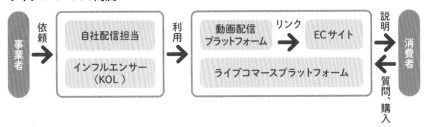

食品や飲料、化粧品などで販売が拡大

中国のライブコマースの利用者は2億6500万人に達しており、市場規模は2020年に9610億元に拡大したと見られています。KOLの紹介によって購入した商品カテゴリーで最も多いのが「食品、飲料」の47％で、次いで「衣料、靴」の45％、「化粧品、美容関連製品」の42％となっています。

（中国）インフルエンサーの紹介によって購入した商品カテゴリー

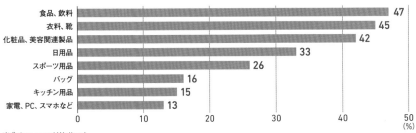

出典：Ipsos and Weiboyi

50 量子コンピュータ

リョウシコンピュータ

従来コンピュータでは解けない問題を解き、
社会課題を解決する新技術

従来のコンピュータ

```
0 1 1 0 1 0 0 0 1 0 1 1 1 0 1 0 0 1
1 0 0 1 1 0 1 1 1 0 0 1 0 1 0 0 1 1 0
1 0 0 1 0 1 1 0 1 . . . . . . . . . . .
```

Point 1

新薬開発や渋滞解消などに活用

最適な配送ルートの計算や交通渋滞の緩和、新薬の開発を短時間で行えるようになり、社会課題を解決します。

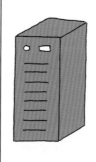 

ビットでは0もしくは1の組み合わせによって処理を行う

技術で勝って、
産業でも勝つ

日本では富士通やNEC、東芝、日立製作所などが開発を進めています。産官学の連携による産業創出にも注力しています。

2030年には
国内1000万人が
量子技術を利用

政府は、2030年に1000万人が量子技術を利用できる環境を国内で実現する方針を掲げ、「科学技術立国」実現の柱に位置付けています。

量子コンピュータ

Φ Φ Φ Φ Φ Φ Φ Φ Φ Φ Φ

Φ Φ Φ Φ Φ Φ Φ Φ Φ Φ Φ

Φ Φ Φ Φ Φ Φ ・・・・・・・・

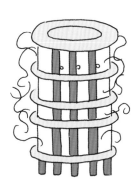

量子ビットでは、0と1の重ね合わせによって処理を行う

量子力学を用いて社会課題を解決

量子コンピュータは、「量子重ね合わせ」や「量子もつれ」といった量子力学の現象を用いて、従来のコンピュータでは膨大な時間がかかる計算や、複雑すぎる問題を解くことができます。動作原理の違いにより、量子ゲート方式とイジングマシン方式に分類されます。量子ゲート方式では、超伝導、シリコン、イオントラップ、ダイヤモンドスピンといった複数の技術があり、現時点では、どれが主流になるのかはわかりません。実用化にはまだ時間がかかります。一方、イジングマシン方式は、組み合わせ最適化問題などに効果を発揮し、すでに実用化されています。

量子コンピュータの分類

量子ゲート方式	イジングマシン方式
量子力学の現象を用いて汎用処理が可能	組み合わせ最適化問題に特化

Point 1

新薬開発や渋滞解消などに活用

量子コンピュータを使うことで、複数の場所に配達する際に最適なルートを計算したり、交通渋滞を緩和する方法を導き出したり、膨大な素材を組み合わせた新薬を、短時間に開発できるようになります。

量子コンピュータの特徴

- 量子もつれや量子重ね合わせなど、量子の持つ性質を利用
- 計算を効率的に行える
- 従来の電子回路ではできない並列処理が可能

Point 2

技術で勝って、産業でも勝つ

「量子技術による新産業創出協議会(Q-STAR)」は、富士通やNEC、東芝、日立製作所などの量子技術の開発企業だけでなく、それを利用する国内企業も参加しています。技術で勝つだけでなく、産業創出でも負けない姿勢をみせています。IBMと東京大学は、2021年7月に、IBMのゲート型量子コンピュータを日本で初めて神奈川県川崎市に設置しました。また、IBMは2025年に、4158量子ビット以上を実現すると発表しています。2023年には富士通と理化学研究所により、国内初の量子コンピュータが登場する予定です。

Point 3

2030年に国内1000万人が量子技術を利用

政府は、2020年1月に「量子技術イノベーション戦略」を発表したのに続き、2022年4月に、「量子未来社会ビジョン」を発表し、2030年に1000万人が量子技術を利用できる環境と、50兆円の産業創出を目指しています。量子技術を日本の「科学技術立国実現」の柱のひとつに位置づけています。

政府による「量子未来社会ビジョン」における2030年までの目標

量子技術利用者 1000万人	量子技術による 生産額 50兆円規模	量子分野の ユニコーン 企業を創出

大河原 克行 おおかわら かつゆき

1965年、東京都出身。IT業界の専門紙である「週刊
BCN(ビジネスコンピュータニュース)」の編集長を務め、
2001年10月からフリーランスジャーナリストとして独
立。IT・エレクトロニクス産業を中心に幅広く取材、執
筆している。現在、PC Watchの「パソコン業界東奔西
走」のほか、クラウドWatch、Internet Watch(以上、
インプレス)、ASCII.jp(KADOKAWA)、ITmedia PC
USER(アイティメディア)、マイナビニュース(マイナビ)
などで定期的に記事を執筆。著書に「ソニースピリット
はよみがえるか」(日経BP)、「松下からパナソニックへ」、
「図解 ビッグデータ早わかり」(KADOKAWA)、「省・
小・精が未来を拓く─技術で驚きと感動をつくるエプ
ソンブランド40年のあゆみ」(ダイヤモンド社)など。

イラストでわかる
最新IT用語集 厳選50

2023年2月20日 第1版第1刷発行

著 者	大河原 克行
発 行 者	村上広樹
編 集	進藤 寛
発 行	株式会社日経BP
発 売	株式会社日経BPマーケティング
	〒105-8308 東京都港区虎ノ門4-3-12

装 丁	Isshiki
デザイン・制作	Isshiki
イ ラ ス ト	米村知倫
印 刷・製 本	図書印刷株式会社

ISBN978-4-296-07051-0 ⓒKatsuyuki Ohkawara 2023 Printed in Japan